遺伝子のスイッチ

何気ないその行動が
あなたの遺伝子の働きを変える

E p i g e n e t i c s

生田 哲

Ikuta Satoshi

東洋経済新報社

はじめに

私たちの考えや行動は遺伝的に決まっているのか。たとえば、知性、セックスの好み、病気になりやすさ、気分が落ち込んだり、不安になったりする気質、特定の才能。こうしたものは親から子に遺伝子として伝えられているのか。

人生、能力、生き方、考え方といったものが遺伝子によって決まっている、あるいは遺伝子検査を受ければこれらがわかるなどと思われている。テレビ、新聞、雑誌、そしてステマの無法地帯となっているインターネットなどを通してそう宣伝されるからであるが、これは誤りである。遺伝子は環境とかかわることではじめて働くからである。遺伝子の役割は過大評価されている。

一卵性双生児を例に説明しよう。一卵性双生児は、英語で「まったく同じ双子」(identical twin)と表現されてきたものの、正確には「まったく同じ」ではない。「一卵性双生児」は、まったく同じ卵子から生まれ、同じ女性の子宮の中で同じ時期に育った双子である。ふたりは先天的な環境は同じであるが、後天的な環境は同じではない。だから、一卵性双生児で生まれたひとりは学校の教師をし、充実した日々を送るが、もうひとりは薬物依存に苦しむことだってありうる。

たとえ同じ遺伝子をもっていても、同じ結果になるとは限らない。それどころか、同じ結果にはならないことが多い。遺伝子の働きは、食事や運動などの生活習慣やどんな書物を読むか、どんな人とつき合うかなどによって劇的に変わるからである。そして最近の研究によって遺伝子の働きを変えるしくみ、すなわち、遺伝子を使う（オン）にしたり、遺伝子を使わない（オフ）にするスイッチが存在することが明らかになった。

このスイッチを研究するのが「エピジェネティクス」という、今、爆発的に発展している学問分野であり、本書のテーマである。このスイッチのユニークなところは、環境の変化に応じてDNAの塩基配列を変える（これを変異という）ことなく、遺伝子の使い方を変えることにある。具体的にいえば、このスイッチは、DNAにタグをつけたり、タグをはずしたりすることによって遺伝子のオンとオフを迅速に切り替えるのである。

なぜ、変異ではなく、タグが使われるようになったのだろう。ヒトが生存を続けるには、変化を続ける環境に適応しなければならない。環境の変化への適応の仕方において、まず考えられるのはＤＮＡの変異であるが、それには数千年もの時間がかかる。そんなに長く待っていては種が絶滅してしまう。そこで、変異よりはるかに迅速に遺伝子の使用法を変える手段として、タグの活用が発明されたと考えられる。

この本では、薬物依存や食べ物依存は本人の意思が弱いから起こるのではないこと、子どものころの逆境が大人になってからの生活習慣病の引き金になること、子どもの性格を決めるのは母親による子どものケアであることなどをエピジェネティクスを根拠に説明する。

まず、第１章では、一卵性双生児であっても異なる人生を歩むこと、低栄養で生まれると成人してから心臓病、糖尿病、心の病といった生活習慣病になりやすいことを述べる。つぎに第２章では、ＤＮＡ、遺伝子、タンパク質の関係など、これまでの研究で明らかになったヒトゲノムの基礎を解説する。

第３章では、細胞で遺伝子が使われるオンと遺伝子が使われないオフを切り替えるスイッチについて説明する。このスイッチがヒストン修飾とＤＮＡメチル化である。

第4章では、なぜ薬物依存がやめられないのか、なぜ食べ過ぎが止まらないのかを、エピジェネティクスを根拠に説明する。

第5章では、ストレスがうつを引き起こすこと、幼少期のマルトリートメントがうつを誘引することを述べる。また、抗うつ薬を服用して数時間後には脳内でセロトニンは増えているが、抗うつ薬の効果があらわれ始めるまで数週間かかる理由がエピジェネティクスにあることを明かす。

第6章では、母の子育てが子どもの脳に甚大な影響を及ぼすことを明らかにする。マルトリートメントは子どもの脳の発達を妨げる「有毒ストレス」であり、一方、母に可愛がられて育った子は、より健康で長生きすることを述べる。

今、もっとも急速に発展している新しい学問分野の研究成果を知り、あなたの人生や子育てに活用し、これまで以上に有意義な人生を送っていただきたい。

この本を企画し、多くの有益なアドバイスをくださった東洋経済新報社出版局の黒坂浩一氏に深く感謝いたします。

2021年2月

生田　哲

目次

第1章

人生はDNAの配列だけでは説明できない

第2章

ゲノム研究からわかったこと

第3章

エピジェネティクスとは何か？

第4章

薬物依存と食べ物依存から考えるエピジェネティクス

第5章

エピジェネティクスとうつ

第6章

母の子育てが子どもの脳に影響する

第1章

人生はDNAの配列だけでは説明できない

一卵性双生児も異なる人生を歩む

33歳の健太は高校で地理の教師をし、充実した日々を送っている。だが、彼の一卵性双生児の兄弟である、健二は薬物依存に苦しむ。2人の少年は横浜近郊で育ち、高校まで学業は優秀で、陸上競技でも選手であり、クラスの仲間とも良好な関係を築いていた。

時々、兄弟は喫煙やビールを飲んだりすることもあった。大学生になった2人は、まずはマリファナ、次にニトライトやエフェドラなどの脱法ドラッグを試してみた。だが、健二はこの経験によって人生の軌道を大きく踏み外した。

大学に入学した当初、彼はごくふつうの学生生活を送っていた。講義に出席し、友人ともうまくつきあっていた。だが、次第に薬が彼のすべてになっていった。彼は大学をやめ、ファストフード店や居酒屋チェーン店で単純作業に従事した。

彼は仕事を2カ月以上続けることはなかった。彼が解雇されるのはパターン化していた。彼は遅刻と欠勤が多く、顧客や同僚との言い争いも頻繁に発生したからだ。彼の行動は次第に常軌を逸するようになり、時には暴力的でさえあった。しかも、趣味のオートバイのために窃盗をくり返しては逮捕された。

何度か治療を試みたものの、続かなかった。裁判所が精神科医に彼の診断を求めたが、このとき彼は30歳。すでにホームレスとなり、駅の地下で段ボールを寝床にしていた。彼は家族からも見捨てられ、ついに薬の奴隷、すなわち薬物依存になっていた。

健二は薬物依存になって人生を狂わせてしまったのだが、その引き金は何だったのか。彼とまったく同じDNA（デオキシリボ核酸のことで、遺伝情報を運んでいる物質である。遺伝子はDNAの一部分である）をもった一卵性双生児のもう片方である、健太は、どのようにして彼と同じようになるという運命から逃れられたのか。

多くの人々は若いときの無茶を過去のものとし、生産的な人生を送る。一方、どのようにして特定の人が、薬物の摂取によって生涯にわたる依存に導かれるのか。これらの疑問は新しいものではないが、脳科学者は、ほかの領域における発見を活用することによって、回答を見つけるための新しい手段を獲得した。

発見のひとつは、生物学者が胚の発生と発がんのしくみを研究することによって、環境がDNAのもつ情報を変えることなく、DNAの振る舞いを変えるしくみを明らかにしたことである。DNAのもつ情報とは、DNAの塩基配列（塩基配列のことをシーケンスともいう）のことである。

DNAの塩基配列を変えることなく、すなわち、DNAを変異（突然変異）させるのではなく、DNAにタグ（マークや印）をつけたり、はずしたりすることによって、その振る舞いを変えるのである。この変化は一過性であることは少なく、数年も続くことが多く、生涯にわたることもある。

エピジェネティクスとは？

DNAにタグをつけたり、つけたタグをはずしたりすることによって、DNAの塩基配列を変化させることなく、遺伝子の働きを変えること、また、このことを研究する学問分野を「エピジェネティクス」と呼んでいる。遺伝子とは細胞がどのようなタンパク質をつくるかを指令する情報である。**遺伝子が働いて、細胞がタンパク質をつくるとき遺伝子発**

現はオン、一方、遺伝子が働かず、タンパク質がつくられないとき、遺伝子発現はオフという。

遺伝情報を担うのはＤＮＡである。せっかくＤＮＡがあるのに、なぜ、わざわざＤＮＡにタグをつけたりはずしたりする必要があるかというと、ひと言で答えるなら、人が生き残るために必要であるからだ。

環境は絶えず変化し続ける、これが常態である。人が生存を続けるには、この変化し続ける環境に適応できなければならない。

変化への対応で、まず考えられるのは、ＤＮＡの塩基配列を変化させる変異である。だが、変異を起こすのに数千年から数万年もの時間がかかるから、変異を待っていたのでは、環境の変化に対応できず、人は滅んでしまう。人が生き延びるには、変異よりはるかに迅速に遺伝子の使用法を変える手段が欠かせないのである。

そこでタグの活用が発明されたと思われる。タグをＤＮＡにつけたりはずしたりするのは、わりと短時間でできる。しかも、これによって遺伝子のオンとオフをコントロールできるとなれば、新しい環境への迅速な対応が可能となる。

もしかしたら読者は、エピジェネティクスを自分には関係ないものと思っているかもしれない。しかし、そんなことはない。毎日、私たちが経験するべきことがエピジェネティクスを引き起こす要因になっている。

毎日、私たちは食べ物や飲み物を摂取する。そして家事をしたり学校や職場、あるいはスポーツクラブの水泳教室やヨガ教室に通う。そこには人が大勢いて、時には、人間関係に悩まされることもある。また、読書をしたり、音楽を聴いたり、映画を観たりする。こういった日常のごくありふれた出来事がエピジェネティクスを引き起こすのである。

このエピジェネティクスは、脳が経験に反応する仕方を変える。辛い経験をした個人が、立ち直るのか、それとも、依存、うつ、そのほかの心の病に苦しむのか、その基礎をつくるのがエピジェネティクスなのである。

肥満は母のお腹の中で決まる

肥満を避けようとダイエットに励む人が後を絶たないが、成功した人を見ることは稀《まれ》である。意思が弱く努力が足らないからダイエットを続けられないと思う人が多いが、ダイエットに取り組む人々は、それぞれの分野で強い意思と努力によってかなりの成功を収めている人が多いことから、ダイエットの失敗は意思が弱いとか、努力不足が原因ではないことは明白である。

体重のコントロールに代謝が関係することは周知の事実である。最近、代謝はエピジェネティクスに左右されることが明らかになった。体重のコントロールが思ったようにはいかないわけである。

それから、大人になってから肥満になるかどうかは胎内で決まる、という仮説がある。1970年代、コロンビア大学のジナ・スタインとマービン・サッサー両博士の夫婦チームが、第2次世界大戦の末期にオランダが深刻な食料難に襲われた時期に生まれた新生児を念入りに調査したところ、妊娠中に子宮内で低栄養にさらされて生まれてきた赤ちゃんは、大人になってから肥満になりやすいことが証明された[1]。

（1）GP. Ravelli, ZA. Stein, and MW. Susser, Obesity in young men after famine exposure in utero and early infancy. N Engl J Med, 295: 349–353, 1976.

低栄養で生まれると生活習慣病になりやすい

スタインとサッサー両博士の発表から約10年が経過した1980年代後半のこと、イギリスの疫学者デビッド・バーカー博士が低栄養と人の健康について画期的な発見をした(2)。その発見は、母体内で低栄養にさらされ、低体重で生まれた赤ちゃんが大人になると、心臓病、糖尿病、心の病といった生活習慣病が多発することである。これを「胎児プログラミング」あるいは「子宮効果」といい、最初に報告したバーカー博士の名前をとって「バーカー仮説」とも呼ばれる。後になって、この仮説は胎児期だけでなく、生後間もない時期に低栄養になった赤ちゃんにも適用されることが判明した。

この仮説のポイントは、胎児期や生後間もない時期に強いストレスが加わると、その後の発症がプログラムされるというものだ。強いストレスの最たるものが、生物の存在を直接脅かす飢餓であることはいうまでもない。

今でこそ、バーカー仮説は多くの科学者に受け入れられているものの、発表された直後は、懐疑の目で見られていた。それというのも、当時（1980年代後半）、世界は遺伝子革命のまっただ中にあったため、科学者は、主に病気は遺伝子によって生じるものと信じていたからである。だが、熱狂的だった遺伝子熱が少しずつ冷めていき、しかも、この仮説の正当性を裏づける多くの証拠が発見されたことから、ようやく正しさが認められるようになった。

子宮内における胎児の栄養状態や育ち方は、子が大人になって肥満になるリスクが高くなるだけでなく、心臓病、糖尿病、心の病を発症するリスクを上昇させる。文字通り、健康は胎内から始まるのである。

このことが社会で広く認識されるようになれば、政府は公衆衛生への取り組みを変えるだろうし、私たちも生活の仕方を大きく変えるはずである。

では、飢餓にさらされた胎児の将来への影響を調べるきっかけとなった「オランダの飢餓の冬」とは、どんなものだったのか。

（2）DJ. Barker, PD. Winter, C. Osmond et al., Weight in infancy and death from ischemic heart disease. Lancet, 2: 577–580, 1989.

オランダの飢餓の冬

オランダの飢餓の冬は、歴史に残る悲惨な事件である。1944年11月から1945年5月5日の解放の日までの約6カ月間、オランダ西部はナチスドイツによる封鎖と飢饉のために、深刻な食料難に襲われた。この間に出た餓死者は約2万人！

封鎖中、食料の配給は1日にわずか750キロカロリーであったが、やがて1日500キロカロリーにまで下げられた。これは、小柄な女性があまり活動せずに座ってすごす際に1日に必要とするカロリーの4分の1にすぎない。

本来、より多くの配給が妊婦に与えられるはずだが、たいていの妊婦はわずかの食料を家族に分け与えてさえいた。だから妊娠期間中、ふつうは増えるはずの妊婦の体重は、逆に、減少していった。こうして多くの胎児が死亡した。

それでも正常な出産が数万件もあった。奇跡というほかない。しかも生き残った新生児は、やや小さめではあったが、出生時において明らかな奇形は確認されなかった。

しかし「オランダの飢餓の冬」の悲劇の全貌《ぜんぼう》は、まる1世代をかけてあらわれた。妊娠中に子宮内で低栄養にさらされて低体重で生まれてきた赤ちゃんは、大人になって肥満になりやすく、心臓病、糖尿病、心の病といった生活習慣病が多発することが明らかとなった。

では、胎児や赤ちゃんのときの低栄養状態のことを、20年後の生活習慣病の発症まで人体はどうやって覚えていたのか。すぐに思い浮かぶのはＤＮＡの変異である。だが、これは違う。低栄養は変異を引き起こさないからだ。

ＤＮＡが変異することなく、ある状態が長く維持されるとなると、可能性がもっとも高いのはエピジェネティクスである。

飢餓の影響は70年後もDNA上に残っていた

胎児や赤ちゃんのときの低栄養状態というリスクは、彼らが高齢になったとき死という明確な形であらわれた。コロンビア大学の疫学者Ｌ・Ｈ・ルメイ教授が１９４４～

1947年に生まれた40万人以上のオランダ人の死亡記録を分析したところ、68年後に死亡率が約10％上昇していた(3)。

この事実に議論をはさむ余地はない。だが、胎内での飢餓体験を数十年先まで人体はどうやって覚えていたのか。

1990年代、ルメイ教授は、オランダの飢餓の冬を乗り越えた数千人から血液サンプルを集めておいた。そして比較対照のために、飢餓の前後に誕生した彼らの兄弟姉妹の血液サンプルも収集しておいた。用意周到であることに注目していただきたい。それから20年以上が経過し、血液細胞に含まれるメチル基を調べることのできる強力な新技術が開発された。メチル基とは1個の炭素に3個の水素がついた小さな単位で、$-CH_3$と表記される。くわしくは後述するが、**DNAにメチル基がつくことをDNAメチル化といい、遺伝子の働きが止まる**。

そしてルメイ教授とライデン大学のバス・ハイジマンス教授は、オランダの飢餓の冬について再調査を行なったところ、胎児の特定の遺伝子がオフになっていることを発表した(4)。

内容を紹介する。まず、集めておいた血液サンプルからDNAを取り出し、DNAに存在する35万カ所のメチル基を調べた。次に、特別なパターンを探した。それは、飢餓を経験した人々に共通するが、彼らの兄弟姉妹に欠けているメチル基である。そして彼らの健康に着目し、過体重の人々に共通するメチル基を探した。

最後に、これらの結果を統合すると、ＰＩＭ３遺伝子についたメチル基が飢餓と、その後の人生における健康を結びつけていることを発見した。これでメチル基、飢餓、健康の３点が結ばれた。


ルメイ教授とハイジマンス教授は、こういう。「メチル基は細胞が遺伝子を使うのを妨げる。メチル基が、体脂肪を燃やすのを助けるＰＩＭ３遺伝子の働きを止めたのです」。

要するに、飢餓が栄養不足の母の胎児のＰＩＭ３遺伝子にメチル基をつけることによって、脂肪を燃やすタンパク質に指令するＰＩＭ３遺伝子の働きを抑制し、これが生涯続い

（３）P. Ekamper et al., Independent and additive association of prenatal famine exposure and intermediary life conditions with adult mortality between age 18–63 years. Social Science & Medicine, 119: 232–239, 2014.
（４）EW. Tobi et al., DNA methylation as a mediator of the association between prenatal adversity and risk factors for metabolic disease in adulthood. Science Advances, 4 (1), 31 Jan 2018.

た。この結果、体脂肪が燃えにくくなったため、代謝が低下し、肥満になり、病気が多発し、寿命が縮まった。

飢餓は約70年前に終わったが、オランダ人の遺伝子につけられた傷は今も残ったままだったのである。

妊娠中にダイエットして胎児を飢餓にさらすのは、生まれてくる赤ちゃんにとって非常に危険な行為であることがわかる。

ストレス、うつ、エピジェネティクスの関係

２０２０年、突然、新型コロナウイルスが私たちを襲った。私たちの生活は激変した。政治家、一部の学者、マスコミは、新型コロナウイルスの感染者がいるということで毎日大騒ぎし、医療崩壊の危機を叫び、人々に外出を自粛させ、フィジカル・ディスタンス（人との距離の確保）を要求する。これによって観光・宿泊・外食・小売などの仕事が大きな打撃を受けている。そしてコンサート、スポーツイベント、映画などの催し物など文化

やエンターテインメントへの参加もままならない。

仕事のある人にしても、テレワーク（在宅勤務）のため、人との交流が激減し、家に閉じこもることが増えた。テレワークはいいのだが、家にいる子どもの声がうるさくてイライラする。人との交流が激減したことで、孤独になる人も多い。社会的動物である人にとって、孤独は強烈なストレスとなる。ストレスはうつを引き起こし、最悪のケースでは自殺者を増やす。

ストレスによってドメスティック・バイオレンス（DV）が増えている。ストレスを発散させようとした結果である。政府や地方自治体の相談窓口に寄せられたDVの2020年5、6月の相談件数が、前年同月比でそれぞれ約1・6倍に増えていたことがわかった。7、8月も前年同月とくらべ1・4倍の1万6000件程度で推移しているという。

ストレスによってうつや不安も増加している。民間企業が全国の医師に尋ねたところ、回答した561人のうち4割近くが「精神疾患」をあげたと報道されている。

コロナ禍で追い詰められ自ら命を絶った人が増えている。一般人で自ら命を絶った人たちは見えにくいが、芸能人のケースはニュースになり、2020年は大きく報道されたため、記憶に残っている方も多いだろう。

図表1-1　2019年と2020年における日本の月別自殺者数の比較

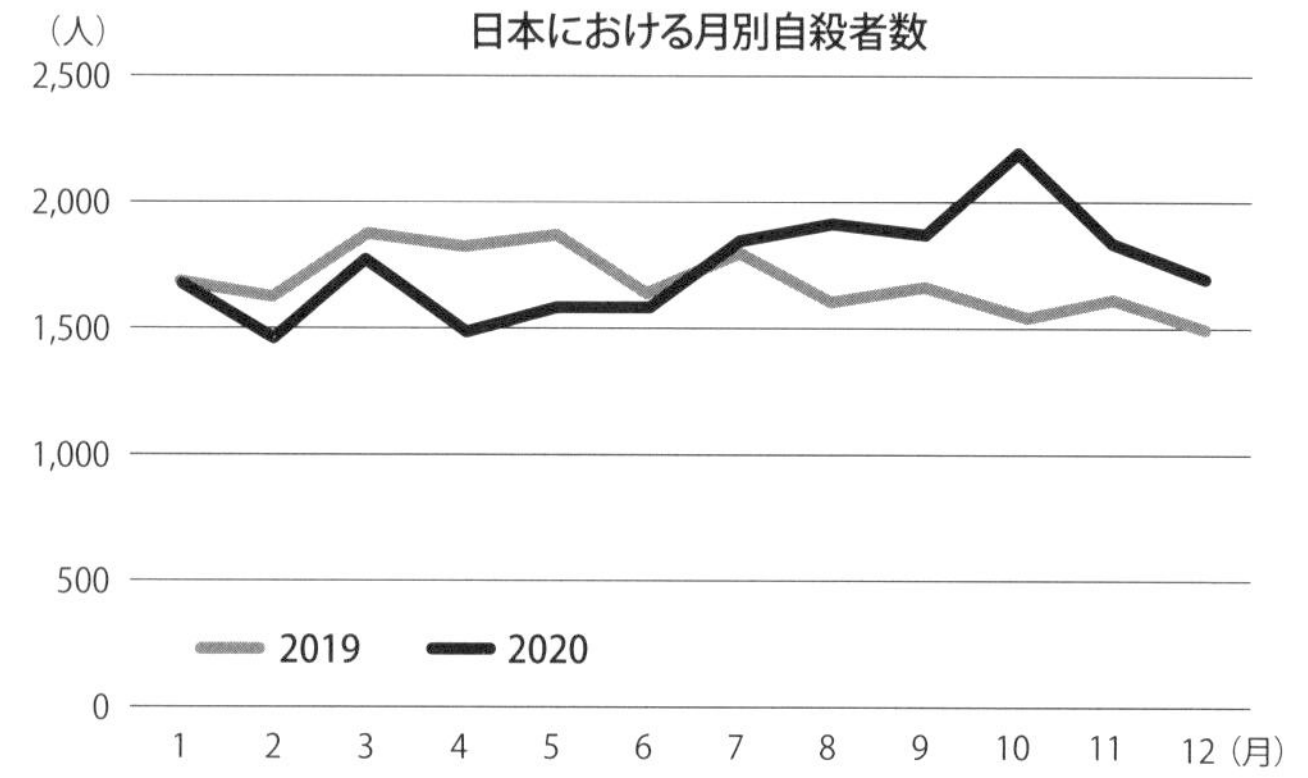

出所：警察庁　https://www.npa.go.jp/publications/statistics/safetylife/jisatsu.html

わが国の自殺者は新型コロナウイルスへの対策により大幅に増加している。警察庁は自殺のデータを報告している。[5] それによると、２０２０年の１月から６月までは自殺者数は、２０１９年の同時期の自殺者数より少ないが、これが７月に逆転すると、さらにその差が広がっている。２０２０年７月から12月までの６カ月間における自殺者数の合計は、２０１９年の同期間とくらべ、１５３２人増加している（図表１－１）。この超過自殺者数は、２０２１年２月４日の時点で、すでに新型コロナウイルスによる死者５０５２人（２０２

1年2月4日の時点）の30％に達している。

わが国における新型コロナウイルスによる死者の大多数は、平均寿命に近い80代の高齢者である一方、自殺者は働き盛りの若い人が圧倒的に多い。

ストレスによって引き起こされる自殺が、本人、家族、その周囲、そして社会にストレスを与え、さらに自殺を引き起こしかねないという深刻さである。

うつは、どのようにして発生するかというと、うつになりやすい傾向の人が、強いストレス環境に置かれることによるものと理解できる。同じストレスでも、強く感じる人もいれば、そうでない人もいる。前者は「ストレス感受性」の高い人、後者は「ストレス感受性」の低い人といえよう。うつは「ストレス感受性」と「ストレス」の相互作用によって発症する。

うつを発症するかどうかを左右するのはストレス感受性であり、これに遺伝子が影響することは確かであるが、それだけでは決まらない。ポイントは、どの遺伝子が細胞で使われるかである。遺伝子発現のオンとオフをコントロールするエピジェネティクスが、スト

（5）警察庁　https://www.npa.go.jp/publications/statistics/safetylife/jisatsu.html

レス感受性に多大な影響を及ぼすのである。

無意識のうちに買ってしまう

ある日、やや寝不足だが、目覚まし時計でようやく起き上がり職場に到着したとしよう。眠そうなあなたを見た同僚が、スターバックスのラテを購入し、あなたにくれた。意外にも、それを口にしたあなたは元気が出た。職場でも仕事がはかどった。

それからというもの、あなたは出勤するときはいつでも、スターバックスでコーヒーを購入するようになった。

週末に外出しスターバックスを見つけると、本来、コーヒーを必要としなくても買わずにはいられない。この状況は食べ物のケースでもよくあることだ。たとえば、私たちはマクドナルドの黄色い看板を見ると、たとえお腹が空いてなくても無性にハンバーガーやポテトを食べたくなり、購入してしまう。

ある食品のロゴを見るだけで食欲が湧いてくる。スターバックスのロゴ自体が、ドリンクがそこに存在しなくても私たちに購買意欲を沸き立たせる。

なぜか？　私たちは無意識のうちに、シンボルとなるキュー（暗示）を食べ物（報酬）とつなげ、日常生活で使ってきたからである。キューと報酬がペアになることを「連合学習」という。連合学習するとキューを見たり聞いたりするだけで無意識のうちに報酬を期待するようになる。この連合学習にもエピジェネティクスがかかわっている。

やめたくても、やめられない薬物

わが国で薬物汚染が広まっている。警察庁は、２０１９年の薬物乱用による摘発者は１万３３６４人、そのうち覚醒剤は８５８４人、大麻は４３２１人と発表している。[6]とりわけ、２０１９年の大麻の摘発者は前年の２０１８年より７４３人増え、過去最多を更新し

（6）公益財団法人麻薬・覚せい剤乱用防止センター　薬物の法令別検挙者数（人）　http://www.dapc.or.jp/kiso/31_stats.html

た。わが国の近年の薬物犯罪の摘発者は、覚醒剤と大麻が大半を占めている。

覚醒剤にはアンフェタミンと、それとよく似た分子構造をもつメタンフェタミンの2種類がある。日本で乱用されている覚醒剤はメタンフェタミンが圧倒的に多い。

一般人でも著名人でも同じように違法薬物を摂取していると推定できるが、芸能人やスポーツ選手は名前が知られているため、違法薬物の使用で逮捕されると新聞やテレビのニュースで報道され世間の知るところとなる。

違法薬物を摂取したことが発覚して逮捕される。法廷でもう摂取しないと誓うが、また摂取し、発覚して逮捕される。なぜ、再犯がくり返されるのか。

薬物を摂取すると、脳に快感が発生する。これが欲しいから乱用するとされる。だが、この快感は一時的なものである。だから、本人が止めようと思えば止めることができそうに他人には見えるが、実際はむずかしい。薬物を数年間も絶っていた人でさえ、ふとしたことからまた薬物に手を出してしまう。意思の弱さでは片づけることのできない、より本質的な問題、つまり生物学的な問題が存在するはずなのである。

注目すべき事実が明らかになった。それは、最近の研究で、薬物をくり返し摂取することによってエピジェネティクスが起き、これが、脳を薬物への欲求が増強する方向に変化させ、しかも、この変化が持続することである。薬物乱用をくり返すのは、彼らの意思が弱いからではなく、エピジェネティクスという生物学的な変化が起こっているからであると私は主張する。

遺伝子のスイッチとなるタグの存在

ヒトがヒトであり、サルやネズミと異なるのは、DNAが異なるからである。ヒトでもサルでもネズミでもそうだが、生物のすべての臓器や組織をつくる情報をゲノム、またはDNAと呼んでいる。DNAには、アデニン、グアニン、シトシン、チミンといった4つの塩基がついていて、それぞれ、A、G、C、Tと表記される。

だから、DNAはA、G、C、Tの4文字で書かれた1冊の本と理解すればいい。本に何が書かれているかによって私たちヒトの体質や性格などの特徴が左右される。それなら、DNAの塩基配列がわかれば、ヒトの性質がわかるはずであると思うだろうが、そうはいかない。

DNAは全体の話の半分にすぎないからである。こういうことだ。DNAは細胞の中にあって、ヒストンというタンパク質に巻きついている。DNAやヒストンには化学的なタグがつけられている。このタグは、わりと自由に、短時間でつけたりはずしたりできる。

このように**DNAやヒストンにタグがついたり、はずしたりすることを「エピジェネティクス」**という。代表的なタグのひとつは、飢餓で生き残った胎児のDNAにつけられたメチル基である。

タグがつけられたDNAやゲノムのことを「エピゲノム」という。ゲノムには必ずタグがついているから、実際のゲノムはエピゲノムである。**エピゲノムはひとかたまりになったり、ほぐれたりする。エピゲノムがひとかたまりになると、遺伝子が働かず、細胞はタンパク質をつくらないから、遺伝子発現はオフである。だが、エピゲノムのかたまりがほぐれると、遺伝子が働き、細胞がタンパク質をつくるので、遺伝子発現はオンである。**

人体には約250種類もの細胞があるが、それぞれ異なる細胞で異なる遺伝子が使われている。DNAの塩基配列はヒトの一生を通して変わらないが、エピゲノムには柔軟性があるため、使われる遺伝子は変わりうる。

DNAやヒストンにつけられたタグは、たとえば、食事やストレスなどの外の世界からやってくる刺激に対応し、ついたり、はずれたりする。このようにエピジェネティクスは、急速に変化する外界に応じて遺伝子発現のオンとオフを変化させる、ヒトという生物が生き残るための戦略なのである。

DNAはハードウエア、エピゲノムはソフトウエア

「ヒトゲノム計画」によって、人に2万2000個の遺伝子があることが明らかになった。人のDNAは人体の設計図である、という考えは広く受け入れられている。しかし、遺伝子それ自体が、細胞内で何をすべきか、いつすべきか、どこですべきかを示す案内を必要としていることはあまり認識されていない。

たとえば、人の肝臓の細胞は脳の細胞とまったく同じDNAをもっているが、遺伝子は、肝臓が働くのに必要なタンパク質のみをつくるように指令する。こういった案内はDNAに書かれた文字そのものには存在しないが、タグがつけられたDNA、つまりエピゲノムには存在する。

エピゲノムにつけられたタグが特定の遺伝子発現をオンにする、あるいはオフにする。タグは遺伝子のスイッチである。DNAをタンパク質をつくるハードウエアにたとえるなら、エピゲノムはソフトウエアに相当するだろう。

異常な遺伝子が必ず発現するとは限らない

2003年、デューク大学医学部のランディ・ジャートル教授とポスドクのロバート・ウォーターランド博士が画期的な研究結果を発表した。[7] 彼らが用いたのは、アグーチマウス（正式にはアグーチ・バイアブル・イエロー）として知られるマウスである（図表1-2）。

こう呼ばれるのは、アグーチと呼ばれる特別な遺伝子をもっているからだ。この遺伝子のおかげでアグーチマウスは体が黄色で、がつがつ食べて太り、成体になると、がんや糖尿病になりやすい。つまり、このマウスは遺伝的にマイナスの要素があり、不運な人生をたどる可能性が大きい。

では、この小動物の運命を変えることができるのか。処女のメスのアグーチマウスにふ

図表1−2　遺伝子も年齢もまったく同じ2匹のマウス

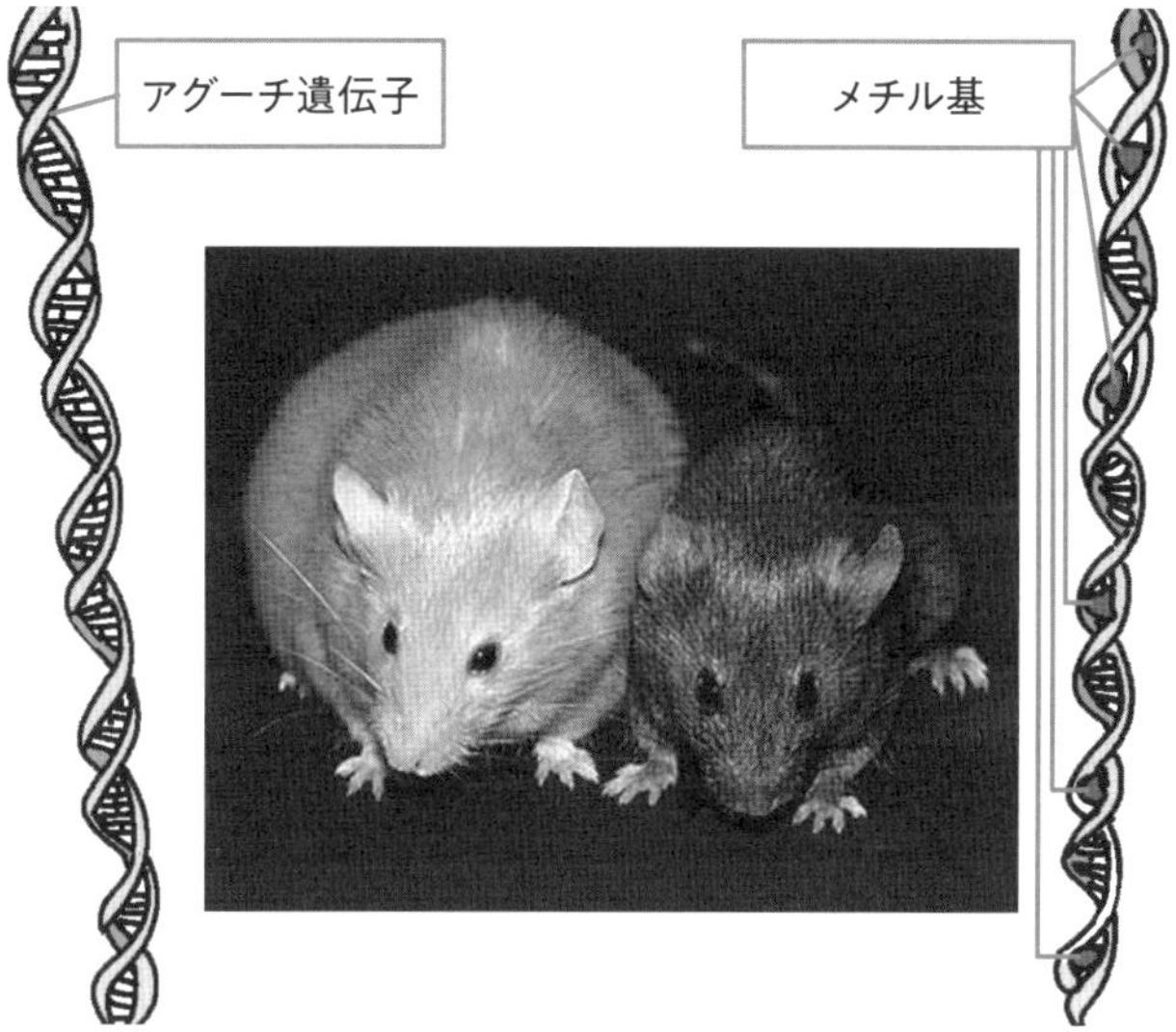

左のマウスは、黄色で肥満。右のマウスは茶色で健康。

出所：ランディ・ジャートル（Randy Jirtle）とダナ・ドリノイ（Dana Dolinoy）による（https://en.wikipedia.org/wiki/Randy_Jirtle#/media/File:Agouti_Mice.jpg）

つうの食事を与え、オスとつがわせると、生まれてきた子マウスは親と同じになった。すなわち、体が黄色で太っていて、がんや糖尿病になりやすかった。

しかし、彼らが特別な食事を与えたマウスから生まれてきた子マウスは様子がまったく違っていた。これらの若いマウスは茶色で細身だっただけでなく、親マウスとは異なり、がんや糖尿病にならず、高齢になっても元気だった。**アグーチ遺伝子によるマイナス効果は完全に消えていた。**

注目すべきは、彼らはマウスのDNAの塩基配列には1個の変異も起こしてないことである。その代わり彼らが変えたのは、マウスの食事である。たったこれだけである。彼らが与えた特別な食事とは、メチル基を与える食材を多く含むものだった。メチル基を与える食材を専門的にいうと「メチル基供与体」となり、むずかしそうに聞こえるが、いたって簡単。その代表が、菜の花、ブロッコリー、ほうれん草、アスパラガス、玉ネギ、枝豆などである。

人間においても、葉酸、ビタミンB_{12}、ベタイン、コリンなどのサプリメントは効果的にメチル基を与えることが知られ、妊婦に頻繁に与えられている。

母マウスが、これらの食事をとることによって、メチル基供与体は胎児の体の中でゲノムとアグーチ遺伝子をつくる活動に参加したのである。母マウスはアグーチ遺伝子を子どもにそのまま伝えたが、メチル基の豊富なエサを摂取したため、アグーチ遺伝子がオフになった。アグーチ遺伝子の有害な効果があらわれなかったのである。食事に感謝すべきだろう。

ジャートル教授は、こういう。「妊娠した母マウスの食事を変えるといった小さな変化によって、子どもの遺伝子の発現にこれほど劇的な変化が起こることを知った。不気味であり、怖くさえあった」。

この研究によって、遺伝子の働きが食事によって大きく変わること、そしてどれほどエピジェネティクスが重要であるか、が明らかになった。

少し補足しておく。アグーチマウスではＤＮＡのメチル化が安定していない。つまり、

（7）RA. Waterland, and RL. Jirtle, Transposable Elements: Targets for Early Nutritional Effects on Epigenetic Gene Regulation. Mol Cell Biol, 23(15): 5293–5300, 2003.

DNAのメチル化の程度が高度なマウスから低いマウスまで幅が広い。高メチル化のマウスでは、アグーチ遺伝子の発現がオンになったりオフになったりと正常に行なわれ、毛色は茶色で健康体である。

一方、低メチル化のマウスでは、アグーチ遺伝子の発現が常にオンになっているため、毛色は黄色で、不健康になる。母マウスの摂取したメチル基の多い食事によって、胎児のDNAにメチル化が起こり、病気にならずにすんだのである。

毒物の効果を打ち消す

さまざまな化学物質が人体に入り、エピゲノムに影響を及ぼす。そのひとつ、BPA（ビスフェノールA）はポリカーボネートやエポキシ樹脂をはじめ、多くのプラスチックの合成に使用されている。BPAは私たちの身の回りのペットボトルなどにも含まれていて、その一部が飲食物に移行する。

国内外でBPAは内分泌を攪乱する物質として知られ、マウスやラットなどの齧歯類《げっしるい》を使った実験では、胎児期にBPAに触れることで、肥満、乳がん、前立腺がん、生殖器に障害が起こることが報告されている。妊娠中のメスが食事からBPAを摂取すると、BPAが胎盤を通過し、胎児に蓄積することも確認されている。

では、BPAは胎児にどんな影響を及ぼすのか。ジャートル教授のグループは、アグーチマウスを使ってこの答えを出した。(8)

彼らは、処女のメスのアグーチマウスにBPAを含んだエサを与えてからオスとつがわせ、妊娠中と授乳期にも同じエサを与えた。そして、生まれてきた子（被験群）の毛色や肥満の程度をBPAを含まないエサを与えられたメスマウスの子（対照群）とくらべた。

対照群は、黄色から茶色に至るさまざまな毛色をしていた。一方、被験群は毛が茶色で、肥満になった。BPAはDNAからメチル基を取り除き、低メチル化にしていたのだ。

しかし、メスマウスにBPAとメチル基の豊富な食事を与えると、生まれてきた子マウスは毛が茶色で健康だった。母の栄養やサプリメントがBPAという内分泌を攪乱する物

(8) DC. Dolinoy et al., Maternal nutrient supplementation counteracts bisphenol A-induced DNA hypomethylation in early development. PNAS, 104 (32): 13056–13061, 2007.

質のもつマイナス効果を打ち消したのである。

遺伝子を超えて

うつ、依存、自閉症、統合失調症など、心の病は遺伝性が高い。うつや依存のリスクのおよそ半分は遺伝である。このリスクは、高血圧、糖尿病、ほとんどのがんの遺伝的リスクよりも高い。遺伝子が重要であることはたしかだが、遺伝子がすべてを決めるわけではない。

一卵性双生児の兄弟、健太と健二の例で見たように、まったく同じ遺伝子をもっていても、2人が同じ病気にかかるという保証はない。そうではなく、心の病にしても依存にしても、遺伝的にそうなる傾向のある人、つまり感受性の高い人に、薬物摂取やストレス、あるいは胎児期に偶然、遭遇したストレス、薬、毒物、ホルモン、重金属などの環境要因が加わることによって生じる。たとえ一卵性双生児といえども、人生や胎児期においてまったく同じ経験をする人はこの世で2人として存在しない。

そういうわけで、疑問はこうなる。環境要因はどんなしくみで心の病や依存を引き起こすのか？

ある意味で、答えは明らかである。遺伝は、脳内の神経細胞の発達や神経細胞と神経細胞のつながりである神経回路の形成に影響を及ぼす。脳内の神経回路に、本を読む、音楽を聴く、映画を観る、友人や恋人と話をする、昼食に何を食べるかを考えるなど、私たちの経験したすべてが記録される。

脳内で情報は、こう伝わる。脳内で神経細胞は伝達物質と呼ばれる化学物質を放出し、別の神経細胞がそれを受け取る。伝達物質は神経細胞を興奮させるものもあれば、抑制するものもあり、快感を発生させるもの、痛みを引き起こす物質もあれば、それを増幅するホルモンもある。

脳内で形成された神経回路、そして神経回路に伝わる伝達物質が、経験によって脳がどのように反応するか、そして最終的に私たち個々の考えや振る舞いを左右する。

ここまで、ご理解いただけただろう。問題は、この次である。これらの効果が続くのは短期間だけなのである。たとえば、覚醒剤やコカインの摂取は、脳の中層にあって感情を発生させる中脳辺縁系（以下、辺縁系と略記）に存在する報酬系を活性化し、一過性の快感や陶酔にひたらせる。だが、この効果はすぐに消え、報酬系は元の状態に戻る。

謎は、どのように薬、ストレス、そのほかの経験が引き起こす効果が長く続き、うつや依存を引き起こすのか、ということだ。脳科学者たちは、その答えがエピジェネティクスにあると考え始めている。エピジェネティクスが何かを知るには、まず、ジェネティクス（遺伝学）の基本を知っておきたい。

第2章

ゲノム研究からわかったこと

遺伝子はDNAのごく一部分

DNAと遺伝子は同じものか、それとも違うものか。簡便さのために、DNAと遺伝子は同じものとして扱ってよい場合もあるが、本書のテーマはエピジェネティクスであるから、両者を同じに扱うことは誤りとなる。そこで、両者の違いを明確にしておく。

DNAは2本のリボンがからまりあってできている。このリボン上にA、G、C、Tという4種類の塩基がとてつもなく長く並んでいる。4種類の塩基を文字ととらえると、人の場合、文字の合計は約30億字になる。これは、1冊10万文字の新書なら3万冊分に相当する。

DNAに書かれた文字はタンパク質をつくるために並んでいるが、1本のDNAでひとつのタンパク質をつくるわけではない。**1本のDNAのごく一部分がひとつのタンパク質をつくるために働く。この部分が遺伝子なのである。だから、遺伝子はDNAの一部分であって決して全体ではない**ことを理解してほしい。

遺伝子とDNAの関係についてもう少しくわしく説明する。**DNAは次の3つの部分からできている。**

1番目は遺伝子と呼ばれるもので、細胞がどのようなタンパク質をつくるかを指令する。2番目はプロモーターと呼ばれるもので、タンパク質をいつつくるか、どれだけつくるかを指令する領域である。プロモーターは、いわば遺伝子のコントロールパネルである。この部分は1番目にくらべるとはるかに短い。通常、1番目と2番目を合わせたDNAのことを遺伝子と呼んでいる。

そして**3番目は、どのような役割をはたしているのか、わからない部分。**じつは、この部分がヒトDNAの中でもっとも多く、なんとDNA全体の98％を占めている。

遺伝子はタンパク質のつくり方を示す「レシピー」

人は60兆個もの細胞の集合体であり、細胞のもっとも重要な成分がタンパク質である。

古代ギリシア人がタンパク質を「もっとも大切な」という意味の「プロティオス（proteios）」と呼んだのもうなずける。細胞がどんなタンパク質をつくるか、これを示すのが遺伝子である。だから、遺伝子は、生物の基本成分であるタンパク質のつくり方を示した「レシピー」と思えばいい。

先にＤＮＡはＡ、Ｇ、Ｃ、Ｔの４文字で書かれた１冊の本であると述べた。人の場合、ＤＮＡに書かれた文字の合計は約30億、そこに約２万２０００個の遺伝子が存在する。ただし、遺伝子は１個だけがポツンと存在するのではない。多数の遺伝子が集まってひとつの単位を形成している。この１単位のことを「染色体」と呼んでいる。**どのヒト細胞にも2本ずつ23対（合計46本）の染色体があり、これを「ゲノム」と呼んでいる。要するに、ゲノムはヒト遺伝子のすべてである。**

もし、ゲノムにダメージが発生すれば、細胞にとって甚大な被害となる。ある場合には、細胞は死ぬかもしれない。だが、細胞の死よりもっと悪いことも起こり得る。それは、細胞の増殖が止まらなくなることだ。がん細胞の誕生である。そうならないように、ゲノムは細胞の奥深く「核」という金庫の中に厳重に保管されている。

細胞の核内に保管されたゲノム。ゲノムの一部分である遺伝子は、細胞の中でどのように利用されているのか？　この謎解きに向けて、１９９０年「ヒトゲノム計画」という大プロジェクトが発足した。

ヒトゲノム計画は、ヒトのもつ約30億個のＤＮＡの塩基配列（シーケンス）をすべて決定することを目標に、アメリカ、ヨーロッパ、日本の３大先進諸国が協力して実行した国際研究プロジェクトである。官であるＮＩＨ（米国国立衛生研究所）と民である私企業が激烈な競争をくり返した結果、目標は予定より10年も早く達成され、ヒトゲノム計画は２０００年６月26日に終了した。

わずか4文字で20種類のアミノ酸を指令する

細胞が遺伝子というレシピーを用いてタンパク質をつくる。このプロセスを見ていこう（図表２―１）。

ＤＮＡテープ上にＡ、Ｇ、Ｃ、Ｔの４種類の塩基が並んでいる。しかも一方のテープの上にＡがあるとすると、もう片方のテープ上には必ずＴがあり、ＡとＴがペア（一対）に

図表2-1　細胞は遺伝子の指令にしたがってタンパク質を生産する

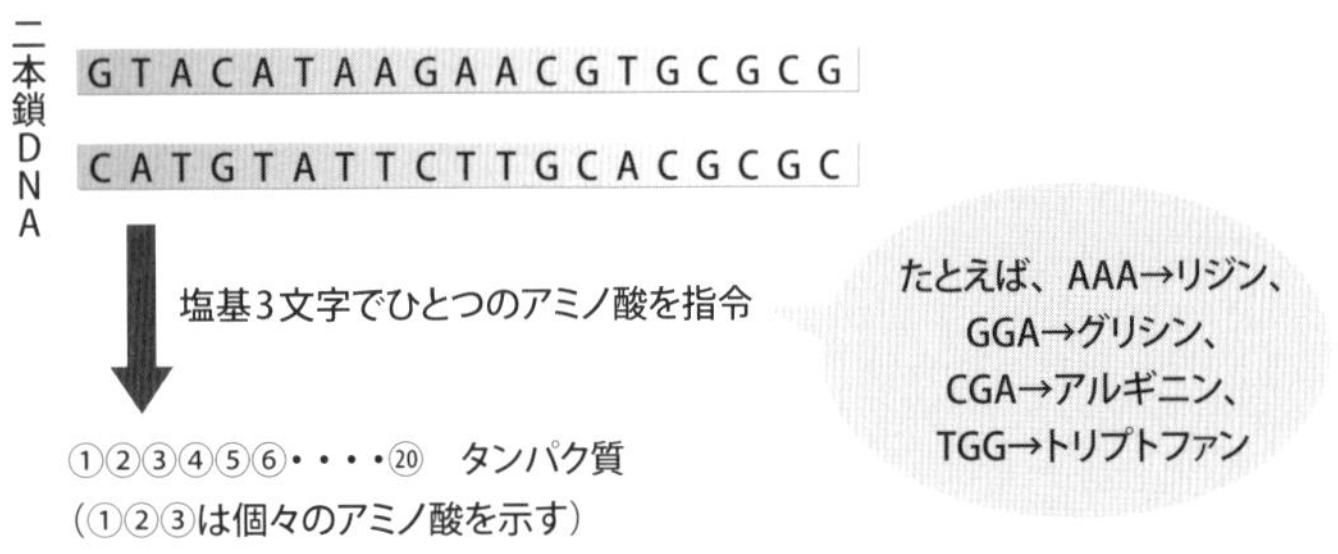

なっている。AやTの場合と同じように、Gは必ずCとペアを組んでいる。このように**AとT、そしてGとCがペアをつくることを塩基対のルール**と呼んでいる。

生体ではDNAは必ず2本鎖として存在し、塩基対のルールにしたがうから、一方の鎖の塩基配列が決まれば、もう一方の鎖の塩基配列も自動的に決まる。このとき、お互いのDNA鎖は相《そう》補《ほ》的《てき》であるという。

では、どのようにしてDNAがタンパク質を指令するのか。DNAのテープ上に並んだ塩基は4種類である。一方、タンパク質を構成するアミノ酸の数は全部で20種類ある。これは困った。つまり、4種類（4文字）の塩基によって20種類のアミノ酸を指令するのは無理に思えるからである。

ところで私たちは、A、B、Cに始まり、X、Y、Zに終わる英語のアルファベット26文字を組み合わせて、人間の考えるすべてのアイディアを表現できることを知っている。たとえば26文字の中からE、V、M、O、Iというアルファベットの5文字を取り出すとする。

「E、V、M、O、I」では「言葉」としての意味をもたないけれども、これを並べ変えて「M、O、V、I、E」にすれば、「MOVIE」になり、日本語では「映画」という意味になる。

アルファベットのAからZまでの26文字だけを用いて、私たちの考えのすべてを表現できるように、DNAはわずか4塩基を組み合わせることで、すべての遺伝情報を伝えるのである。

まず、4種類の塩基の中から2種類を選ぶ組み合わせから見ていこう。この組み合わせは、4×4=16種類ある。これでは20種類すべてのアミノ酸を指令するのに足りない。

次に、4種類の塩基の中から3種類の塩基を選ぶ組み合わせは、4×4×4=64種類になる。これなら、20種類のアミノ酸すべてを指令してもなお余裕がある。実際にDNAは3文字の組み合わせで遺伝情報を伝えている。

たとえば、「AAA」という3文字はリジン、「GGA」はグリシン、「CGA」はアルギニン、「TGG」はトリプトファンを指令する。このDNAの3文字のことを「コドン」(Codeに由来する)という。64種類あるコドンのうち、61種類はアミノ酸を指令する。残りの3種類はアミノ酸を指令せず、タンパク質がつくり終えたことを示す「終了コドン」になっている。また、タンパク質をつくり始めたことを知らせる「開始コドン」は、メチオニンをコードするATGが兼業している。このように、**DNAの3文字の組み合わせで20種類のアミノ酸を指令することを「遺伝暗号」**という。

すべての生物に共通する遺伝暗号

20種類のアミノ酸は61種類のコドンによって指令されるから、ひとつのアミノ酸は平均すると3種類のコドンによって指令される。だが、これには偏りがあって、たとえばアラニン、グリシン、スレオニンは4種類のコドン、アルギニンとロイシンは6種類のコドンによって指令される。

すべての生物は遺伝暗号にしたがって、DNAに書かれた遺伝情報をタンパク質に翻訳する。すなわち、単細胞生物の大腸菌から植物、動物、人にいたるまで、地球に住むすべての生物は共通の遺伝暗号を用いて生きている。

これだから、通常、ヒトタンパク質を決してつくらない大腸菌であっても、ヒトタンパク質に対応する遺伝子を挿入された組み換え大腸菌は、ヒトタンパク質をつくるのである。現在、遺伝子組み換え技術を用いて、インスリン、成長ホルモン、インターフェロンなどがつくられ、医薬品として提供されている。

DNAのコピーであるメッセンジャーRNA

DNA上の遺伝子はどんなタンパク質をつくるかを指令するのだが、遺伝子そのものはタンパク質の合成に参加しない。だから、DNAのもつメッセージを伝える仲介役が必要となる。これが、メッセンジャーRNA（mRNA）という分子である。**mRNAはDNAと非常によく似ているが、わずかに異なる分子**である。

異なるのは、次の3点である。**DNAが2本鎖なのに対し、mRNAは1本鎖であること。DNAでは塩基Tが使われるがmRNAでは塩基Uが使われること。塩基Tと塩基Uは分子的にそっくりで、Uにメチル基がつくとTになる。そして糖も違う。DNAの使う糖はデオキシリボースであるが、mRNAはリボースを使う。**

どうやってDNAからmRNAができるのか。まず、2本鎖のDNAにRNAポリメラーゼという酵素が結合し、遺伝子のすぐそばのプロモーターまですべりながらやってくる。するとプロモーターのDNAの一部分がほどけ、この部分が1本鎖になる。ここから、RNAポリメラーゼが1本鎖になったDNAに相補的なRNAをつくり始める。

こうしてDNAがもっていたすべての遺伝情報が漏れることなく、RNAにコピーされる。**DNAからmRNAができることを「転写」**と呼んでいる。

mRNAの塩基配列は、2本鎖DNAのうちの片方とまったく同じである。ただし、mRNAではTの代わりにUが使われている。このmRNAがタンパク質の生産工場であるリボソームという細胞内の器官に運ばれる。リボソームでは、mRNAの塩基配列がコドンごとに読み込まれ、対応するアミノ酸が次々とつながれていく。こうしてDNAに遺伝情報として書き込まれていたタンパク質がつくられる。

なぜ、DNAのコピーをつくるのか?

なぜ、DNAをいったんmRNAにコピーしてからタンパク質をつくるのか。言い換えると、なぜ、DNAから直接にタンパク質をつくらないのか。ひと言でいうなら、DNAのコピーをつくるのは、遺伝情報のオリジナルを守るための生物の戦略である。

こういうことだ。DNAは遺伝情報のオリジナルファイルであり、これをそのままタンパク質をつくるのに使うと、使用するうちにDNAが摩耗するだろう。摩耗すれば、遺伝情報が不正確になる。これは生物の生き残りにマイナスである。だから、オリジナルの遺伝情報にはできるだけ触れたくない。そこで、タンパク質をつくるために、わざわざmRNAという一時的なコピーファイルを作成することにしたのだろう。

実際に、mRNAという分子はDNAにくらべ非常に不安定であり、タンパク質をつくるという役目が終われば、酵素によって速やかに分解されている。mRNAは、あくまでも一時的なコピーファイルなのである。この分解を促進する主な要因のひとつが、先に述

図表2–2　遺伝情報の流れ

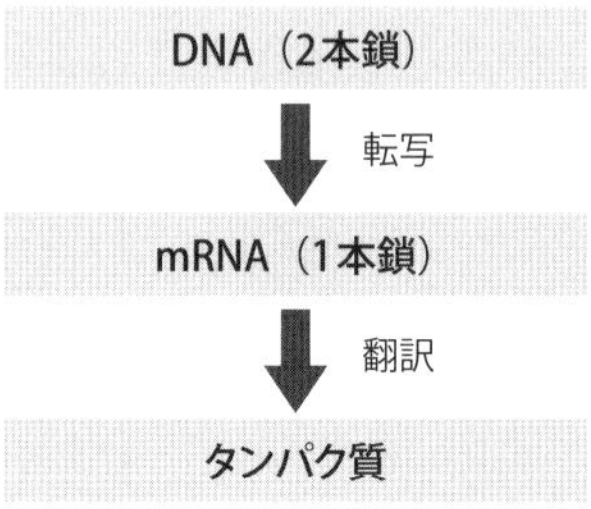

べたRNAに特有のリボースの存在である。

ところで、新型コロナウイルスに対する待望のワクチンが開発され、一部の国では接種が始まっている。ファイザー社のワクチンは、ワクチンは抗原となるウイルスタンパク質をつくるmRNAを使ったものであるため、約マイナス70度で保管する必要がある。ワクチン接種をするのに、超低温冷凍庫を大量に準備しなければならないので、たいへんな作業となる。mRNAの不安定さがよくわかる事例である。

最後に、**mRNAにコピーされた遺伝情報にしたがってタンパク質がリボソームでつくられる。このプロセスが「翻訳」**である。これが遺伝情報の大まかな流れである（図表2−2）。

バクテリア（細菌）、藍藻《らんそう》類、クラミジアなどの

図表2-3　ヒト遺伝子の構造

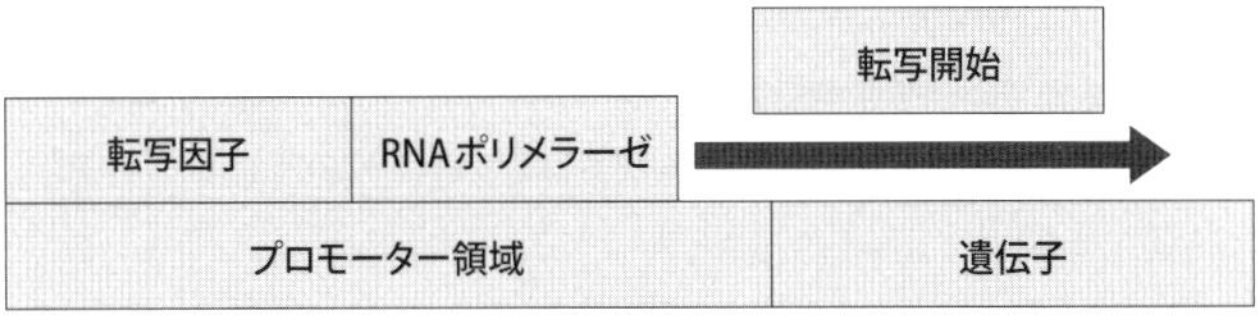

単細胞生物は、細胞内に核をもたず（原核細胞という）、DNAからmRNAがコピーされ、これとほぼ同時にタンパク質がつくられる。

これらの下等生物では、DNAからmRNAへの転写、mRNAからタンパク質への翻訳が同時に、しかも同じ場所で行なわれる。これとだいぶ様子が違うのが、高等動物である私たちヒトのケースである。

ヒト遺伝子の構造

ヒト遺伝子の中でもタンパク質を指令する部分については研究がかなり進み、明らかになったことが多い。ヒト遺伝子の構造をスケッチした（図表2-3）。遺伝子のすぐ隣にプロモーターがある。プロモーターに転写因子とRNA

ポリメラーゼがそれぞれ結合することで、遺伝子の転写、すなわち、DNAのmRNAへのコピーが始まる。そしてmRNAはリボソームに移動し、そこでタンパク質に翻訳される。

遺伝子がmRNAにコピーされ、タンパク質に翻訳されれば、遺伝子が使われたので、遺伝子発現オン、一方、タンパク質に翻訳されなければ遺伝子発現オフである。

長い間、プロモーターは遺伝子の発現におけるオンとオフを決めるメインスイッチであると思われていたが、後に本当のメインスイッチはエピジェネティクスであることが判明した。このように生物学において天動説が地動説に取って代わるような画期的な発見があった。本書を執筆する理由である。

いくつものタンパク質をつくるスプライシング

高等生物であるヒト細胞の最大の特徴は、細胞内に核をもつことである。このような細胞を真核細胞という。真核細胞では核内にDNAが保管され、DNAからmRNAにコピーされる際にプロセッシングという複雑な過程を通る。

すでに述べたように、タンパク質を指令するのはDNAの一部分である。DNAはいったんRNAにコピーされるが、コピーされたRNAの一部分が加工されてmRNAになり、タンパク質の合成を指令する。

DNAの中でmRNAに転写される部分をエクソンと呼んでいる。エクソンは、成熟したmRNAに転写され、タンパク質の合成を指令する塩基配列である。対照的にイントロンと呼ばれる塩基配列は、成熟したmRNAには転写されないDNA領域のことである。

つまりイントロンはDNAでありながら、タンパク質の合成を指令しない領域である。

細胞の核内でDNAはエクソンとイントロンを含めてRNAにコピーされる。この**未成熟mRNAからイントロンの部分が取り除かれて成熟したmRNAができる。このプロセスはスプライシング**と呼ばれている（図表2－4）。

スプライシングを受けると、RNAはとても短くなる。スプライシングを受けた成熟mRNAは切断され、長さは元の未成熟mRNAの10分の1くらいになってしまうこともある。こうしてできた成熟mRNAの長さは、100塩基から5000塩基の長さである。

スプライシングによってさまざまな長さのmRNAができるので、これにともないさま

図表2-4　スプライシングによって1本のDNAからいくつものタンパク質がつくられる

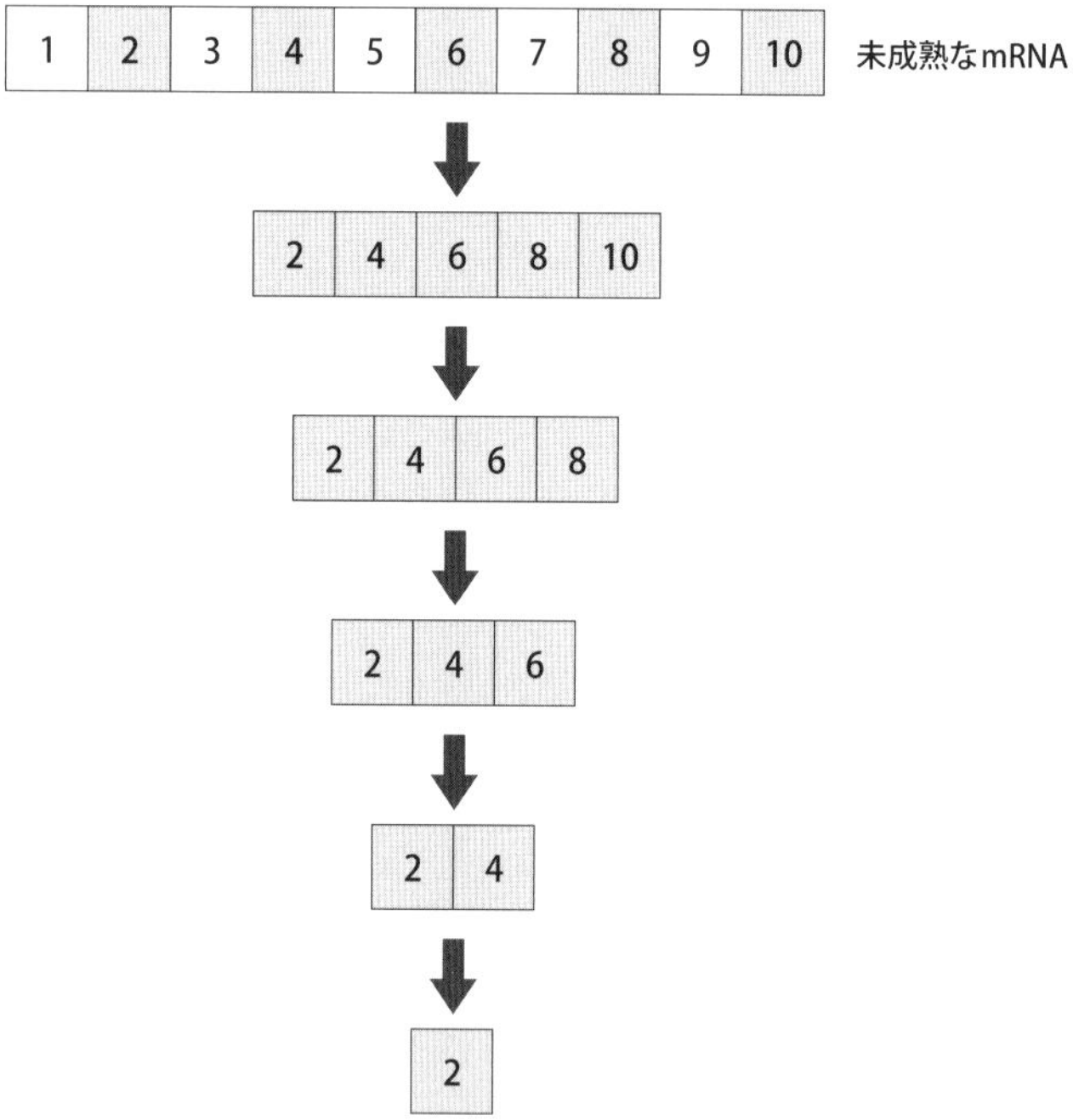

：2、4、6、8、10はエクソンで、タンパク質ができる。

：1、3、5、7、9はイントロンで、タンパク質はできない。

ざまなタンパク質ができてくる。これで、わずか2万2000個の遺伝子から10万種類を超えるタンパク質がつくられることも説明できる。

遺伝子はいくつものタンパク質を指令する

1940年代、アメリカの遺伝学者ジョージ・ビードル博士とエドワード・テータム博士はアカパンカビにX線を照射し、変異を起こさせて代謝経路を調べると、特定の酵素が変異することを発見した。そして彼らは、遺伝子と酵素反応が直接かかわっていることを明らかにし、「一遺伝子一酵素説」を提唱した。要するに、1個の遺伝子は1種類の酵素を指令するという主張である。2人は1958年度ノーベル生理学・医学賞を受賞した。

この考えは、1960年代まで、「一遺伝子-一タンパク質説」という遺伝子観として定着していた。しかし、やがて遺伝子の多くは2種類以上のタンパク質を指令していることがわかり、今ではこの説が正しくないことが判明している。

理由のひとつは、前述したようにスプライシングによって未成熟なmRNAからいくつもの成熟したｍＲＮＡができることによって数種類のタンパク質ができることである。

加えて、翻訳された後にも原型タンパク質がいくつかのフラグメントに切り離されることで数種類のタンパク質がつくられることがある。

たとえば、プロオピオメラノコルチン（ＰＯＭＣ）遺伝子によって指令されるタンパク質の生産である。ＰＯＭＣの原型タンパク質は脳下垂体という箇所でつくられるが、それが含まれる細胞の種類によって約20種類のホルモンに変化する。

脳下垂体のある部分ではＡＣＴＨ（副腎皮質刺激ホルモン）になり、別の箇所ではβ－エンドルフィンになる。また、皮膚細胞では、メラニン細胞刺激ホルモンになってメラニン色素の生産を促進する。

このようにタンパク質に翻訳された後にいくつものフラグメントに分割されてから働くタンパク質もある。

遺伝子とは何か？　学者によって異なるが、一般的にはｍＲＮＡに転写され、タンパク質に翻訳されるＤＮＡ、と答えることができる。ヒトゲノム計画が２０００年に終了してから20年が経過したが、いまだにヒト遺伝子の総数は２万～２万５０００個と推定され、確定していないのは、こうした理由からである。

人の体細胞は2倍体（23本の染色体×2）なので、どの細胞にも約60億個（30億個×2）の塩基対が存在するが、そのうちタンパク質をコードするのは約1・2億個にすぎない。人のもつDNAのわずか2％が遺伝子として使われているのである。残りの98％のDNAの役割についてはずっと謎であったが、最近、この謎が解き明かされつつある。

これで、エピジェネティクスを学ぶ準備ができた。

第3章

エピジェネティクス
とは何か？

なぜ、長いＤＮＡが小さな核内に収まるのか

人体には約60兆個の細胞があって、どの細胞にもまったく同じＤＮＡが存在する。このＤＮＡをまっすぐに伸ばせば長さ２メートルにも達する。細胞の大きさは約10μ（１００分の１ミリメートル）だから、核のサイズは大きめに見積もって約５μである。つまり、５μの核内に直径２ナノメートル（５００分の１μ）、長さ２メートルの糸が収まっている。

理解を助けるために、細胞核を直径１センチのボールにたとえてみよう。すると、この中に直径１０００分の４ミリ、長さ４キロメートルの糸が詰まっていることになる。核内にＤＮＡがぎゅうぎゅうぎゅう詰めになっていることがわかる。

では、この長いＤＮＡをどうやって小さな核内に詰め込むのか。それは、**ＤＮＡが非常にコンパクトに梱包されて核内に収納されているのである。この梱包のことをクロマチンという**（図表３−１）。

２メートルもの長いＤＮＡがわずか５μの核という入れ物の中に収納される秘密は、ク

図表3-1　細胞の核内に収納されているクロマチン

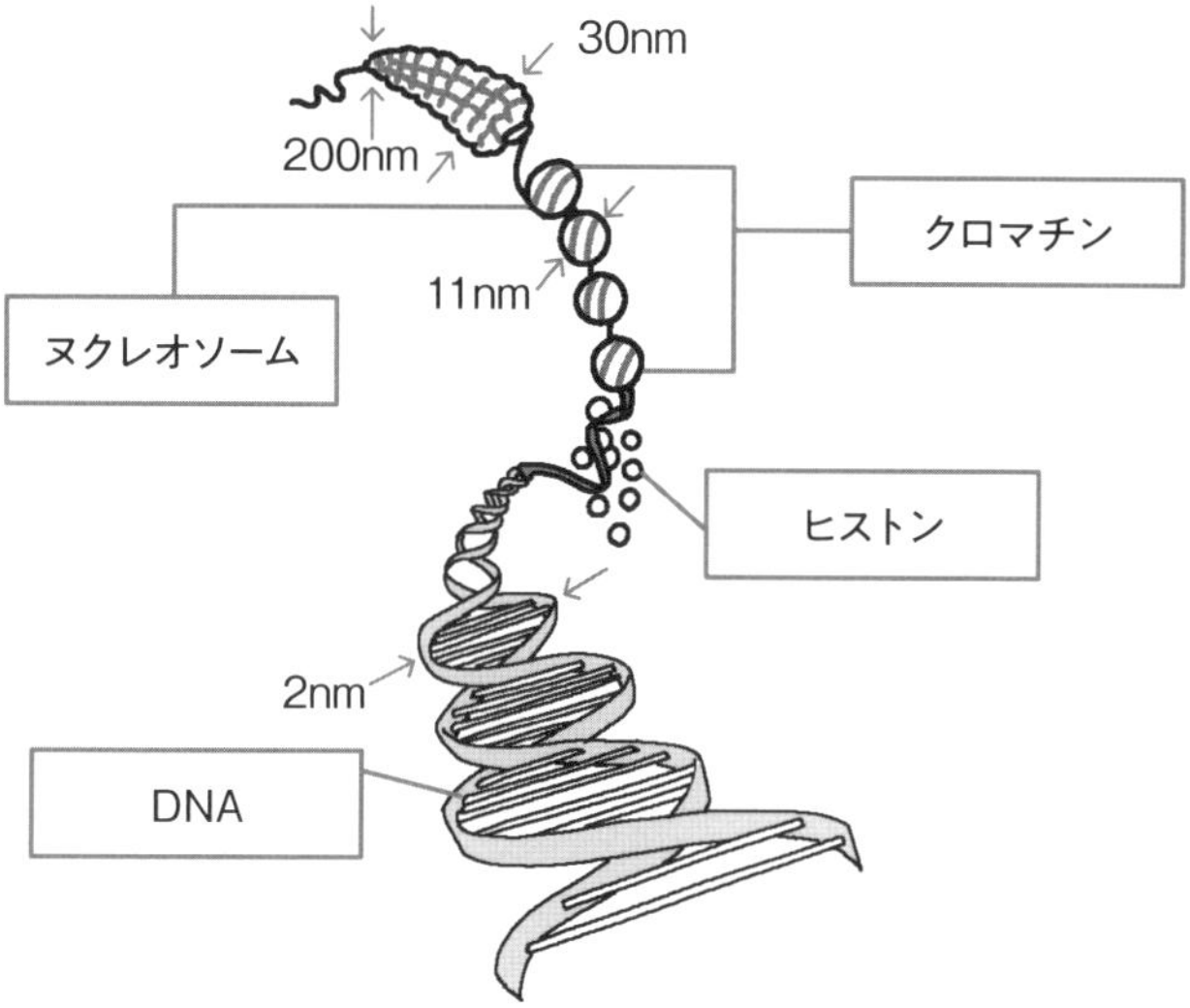

DNAが核内にコンパクトに梱包されている。

＊　nmとはナノメートルのこと。10億分の1メートル。
出所：生田哲『とことんやさしいヒト遺伝子のしくみ』(SBクリエイティブ、2014年)

図表3-2　ヌクレオソームの姿

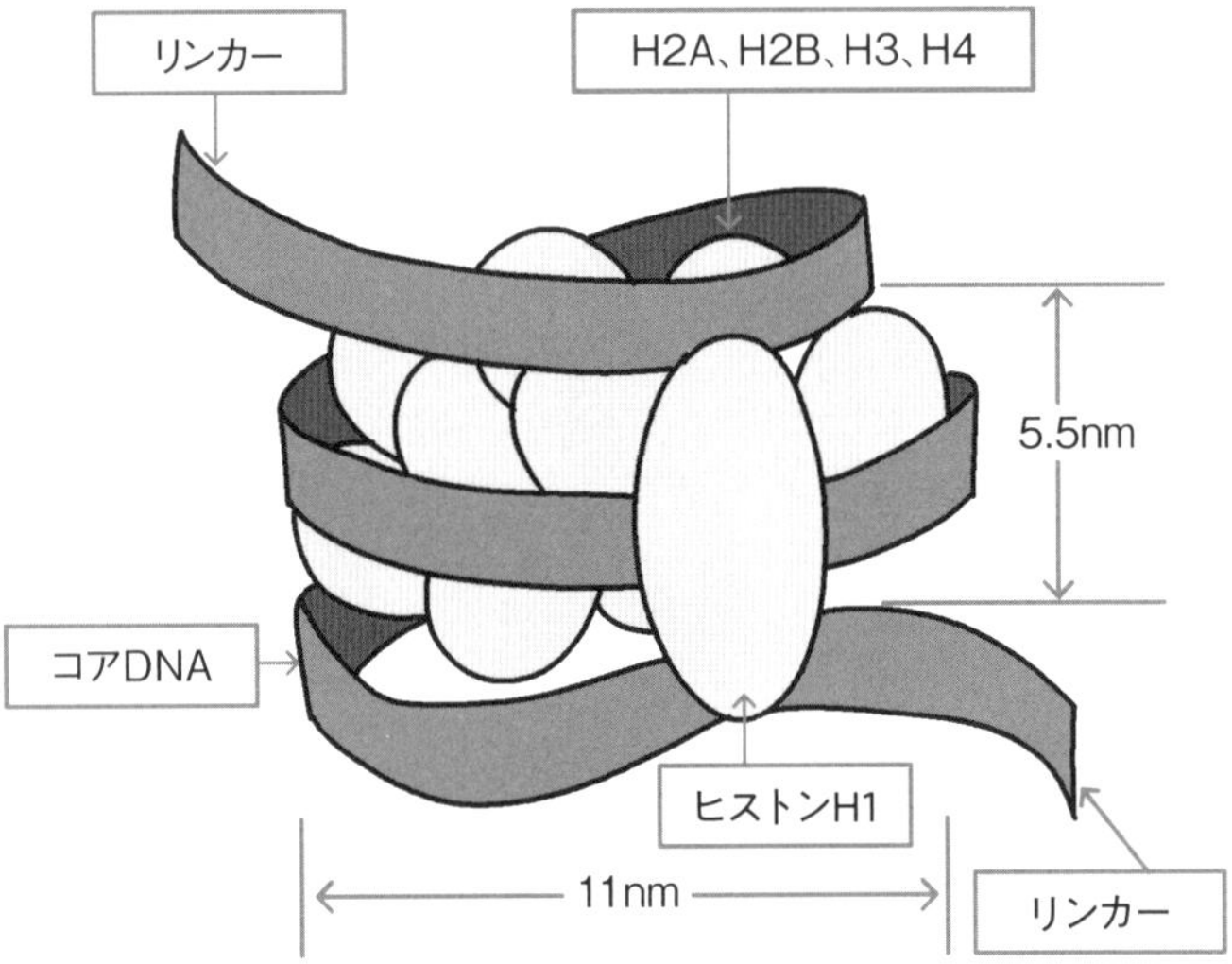

DNAがヒストンという糸巻きに巻きついている。これをヌクレオソームという。
ヒストンH1はリンカーといい、ヌクレオソーム同士を集合させる働きがある。

出所：生田哲『とことんやさしいヒト遺伝子のしくみ』(SBクリエイティブ、2014年)

ロマチンを形成し、DNAがコンパクトに梱包されることにある。**クロマチンをつくるひとつのユニットをヌクレオソーム**と呼んでいる。**ヌクレオソームは、DNAがヒストンというタンパク質に巻きついたもの**である（図表3－2）。DNAは糸に、そしてヒストンは糸巻きにたとえると理解しやすい。

ヒストンとDNAは相性がよい

ヒストンは、H2A、H2B、H3、H4といった4種類のタンパク質が2個ずつ、合計8個集まってできた複雑なタンパク質で、ヒストンオクタマーと呼ばれる。本書では、ヒストンオクタマーのことを単にヒストンと略記する。なお、オクタは8を意味する。

また、ヒストンH1はリンカーと呼ばれ、ヌクレオソームとヌクレオソームの間にあるDNAに結合することでヌクレオソームを集合させてクロマチンを形成するのに役立っている。

ヌクレオソームは、ヒストンにDNAが2回巻きついてできている。ヒストンとDNA

の結合は、DNAの収納に欠かせないだけでなく、遺伝子の発現を左右するポイントである。

ヒストンの特徴を一言述べておく。ヒストンは、リジンやアルギニンといった塩基性のアミノ酸を多く含んでいるため、生体（水分の多い中性条件）ではプラスに強く荷電している。一方、DNAは分子の外側にリン酸がついているため、同じ条件のもとでマイナスに強く荷電している。ヒストンのプラスとDNAのマイナスは、荷電の向きが反対なので、両者は強く引き合う。このため、ヒストンとDNAは相性がよく、ヌクレオソームは安定している。

ゆるいクロマチンVS密なクロマチン

多くのヌクレオソームが集まったものをクロマチンという。人の集まりと同じように、ヌクレオソーム同士がゆるく詰まったものと、密に詰まったものがある。**ゆるく詰まったものを非凝縮クロマチン（ユークロマチン）、密に詰まったものを凝縮クロマチン（ヘテロ**

図表3-3　凝縮クロマチンVS非凝縮クロマチン

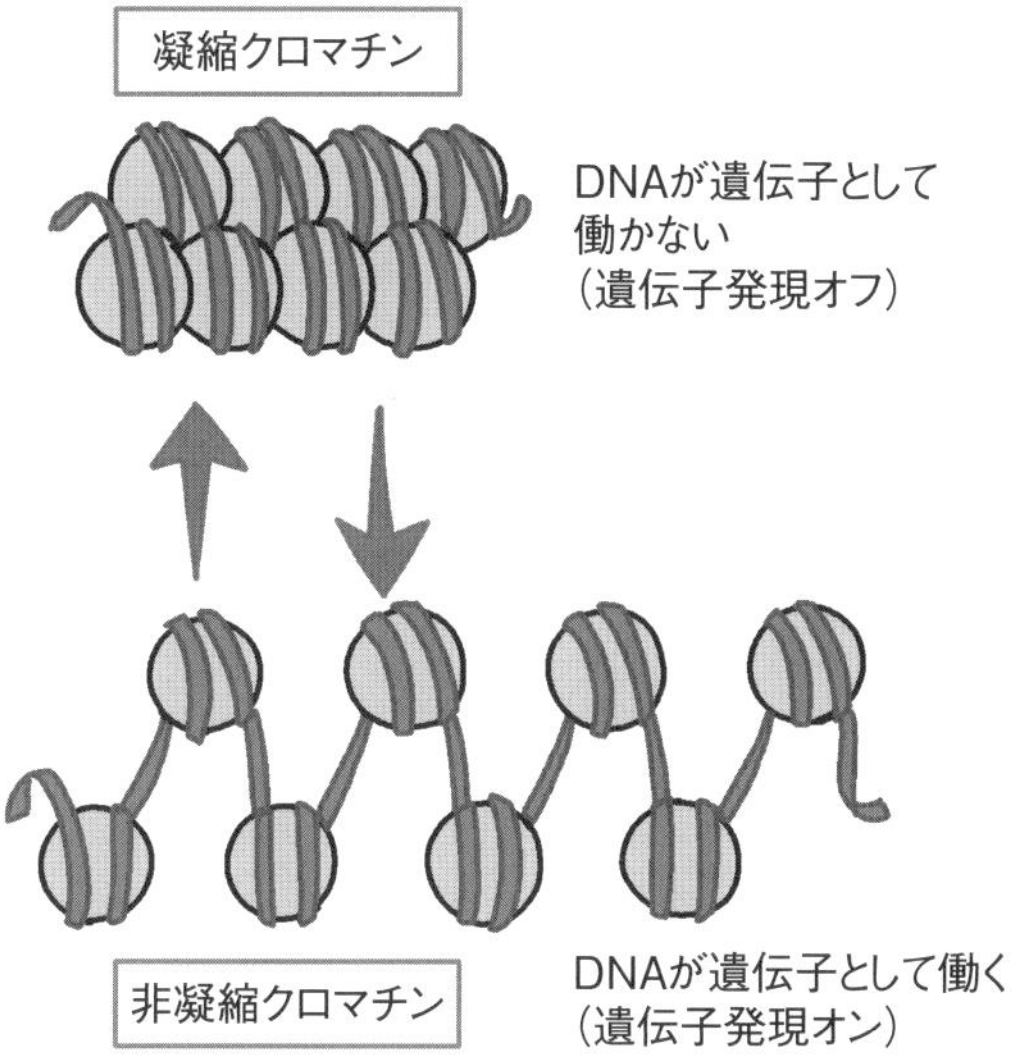

凝縮クロマチンはヌクレオソーム同士が密に詰まっている。遺伝子発現はオフ。
非凝縮クロマチンはヌクレオソーム同士の集まり方がゆるい。遺伝子発現はオン。

出所：生田哲『とことんやさしいヒト遺伝子のしくみ』(SBクリエイティブ、2014年)

クロマチン）と呼んでいる（図表3－3）。

両者は天と地ほどの違いがある。非凝縮クロマチンでは、DNAがmRNAに転写され、タンパク質がつくられる。すなわち、**非凝縮クロマチンではDNAは遺伝子として働くので、遺伝子発現はオンとなる。**

一方、ヌクレオソーム同士が密に詰まった凝縮クロマチンでは、DNAがmRNAに転写されないため、タンパク質がつくられない。**凝縮クロマチンではDNAが遺伝子として働かないので、遺伝子発現はオフとなる。**

細胞の運命はどんなタンパク質がつくられるか、つまりタンパク質の合成で決まる。タンパク質の合成は、遺伝子発現のオンとオフで決まる。そして**遺伝子発現のオンとオフは、ヌクレオソーム同士の密集の仕方によってコントロール**されている。

細胞の運命を決める遺伝子発現は、ヌクレオソームの性質で決まることがわかる。しかも、ヌクレオソームは、DNAとヒストンとの結合である。DNAとヒストンとの結合を変化させるのは、両者につけられるタグである。このことから、**DNAとヒストンにつけられるタグが遺伝子発現のオンとオフを左右する**ことがわかる。しかも、このタグは容易につついたりはずれたりするから、生得の遺伝子の重要性を過大評価してはいけないことがわかる。

話をヒストンに戻そう。細胞の核内にヒストンが存在することはかなり以前から知られていたが、その重要性が認識されるようになったのは、最近のことである。長年にわたり科学者は、ヒストンは壊れやすいＤＮＡの骨組みを支えるためのもので、遺伝子発現には関係ないと信じてきた。

だが、最近、科学者は、どの物質がヒストンと化学反応するかによってクロマチンの構造が変わり、遺伝子発現がオンになったり、オフになったりすることを突き止めた。ヒストンの化学反応によりタグがついたり、はずれたりすることを「ヒストン修飾」という。

ヒストン修飾とＤＮＡメチル化

最近まで、ひとりの人間の遺伝的な特徴は、両親や先祖に由来するほぼ無作為に集められた遺伝要因がユニークなＤＮＡの塩基配列（シーケンス）となって、妊娠の瞬間にコンクリートのように固定されるものと考えられてきた。

だが今では、この考えは一部分だけが正しいことが判明している。つまり、子宮内の環境によって受精卵のDNAにタグがつけられ、さまざまな組織や器官においてどの遺伝子がmRNAに転写されてタンパク質に翻訳されるのか（遺伝子発現オン）、あるいは、どの遺伝子が沈黙すべきなのか（遺伝子発現オフ）を決定していることが明らかとなっている。

加えて、**食事や生活スタイルといった環境因子を変えることによってDNAにつけられるタグが変わり、これにともない遺伝子発現も変わる**のである。しかも、この変化は年単位の長きにわたって続く。それどころか、この変化は生涯にわたって続くかもしれない。DNAとヒストンにつけられるタグが、遺伝子発現のオンとオフを左右する。タグがヒストンについたりはずれたりすることを「ヒストン修飾」ということは述べた。このタグでとりわけ重要なのが、アセチル基である。アセチル基とは酢酸の単位（CH_3CO-）のことで、この単位を分子にくっつける化学反応を「アセチル化」と呼んでいる。

一方、DNAについたり、はずれたりするタグは、「メチル基」（$-CH_3$）である。メチル基がDNAのシトシン（C）という塩基につくことを「DNAメチル化」と呼んでいる。エピジェネティクスの主役は、ヒストン修飾とDNAメチル化である。そしてエピジェネティクスには単純かつ重要なルール、つまり鉄則がある。

●**タグのアセチル基がヒストンにつくと遺伝子発現はオンになる**

すなわち、「ヒストンのアセチル化は遺伝子発現をオンにし、ヒストンの脱アセチル化は遺伝子発現をオフにする」。

●**タグのメチル基がDNAにつくと（DNAメチル化という）遺伝子発現はオフになる**

すなわち、「DNAメチル化は遺伝子発現をオフにし、脱メチル化は遺伝子発現をオンにする」。

遺伝子はオフになることも大切

DNAの主な役割は、細胞内で遺伝子として働き、タンパク質をつくることである。それには、まず2本鎖DNAにRNAポリメラーゼという酵素が結合し、このときDNAの一部分がほどけ、ほどけた1本鎖のDNAに相補的なRNAが合成されねばならない。

もしDNAがヒストンにがっちり巻きついているのなら、RNAポリメラーゼが2本鎖DNAに結合するスペースがないから、無理だ。DNAが遺伝子として働くには、クロマチンが非凝縮型になることが条件である。

細胞にとって遺伝子発現がオンになってタンパク質がつくられることが重要であることは周知であるが、オフになることも大切である。

たとえば、人の染色体でも、ある領域はほとんどすべての時間、ヌクレオソーム同士が密に集まる凝縮クロマチンという極端な形を保ったままである。このような極端な形のDNA領域は遺伝子として働くことはまったくないが、かといって不要でもない。それは、この領域が染色体の最先端であったり、細胞分裂のためにDNAが複製された後に染色体を分離させるのに重要な領域であったりするからである。

また、神経細胞や心筋細胞など長く生きる細胞では、特定の遺伝子のスイッチを数十年間にわたってオフにし続けねばならない。**DNAメチル化はこの役割を担い、ヒストンとDNAを強固につなぎ、凝縮クロマチンを形成することで、遺伝子発現をオフにしている。**

このようにDNAメチル化は、遺伝子の不活性化を維持するのに欠かせないのである。では、ヒストンとDNAがあまり強く結合していない領域においてはどうか？　次に遺伝子発現がオンになったり、オフになったりする可能性のある領域について見ていこう。

遺伝子発現のメインスイッチ「ヒストン修飾」

エピジェネティクスの主役は、ヒストン修飾とDNAメチル化である。ヒストン修飾のタグはアセチル基以外に、メチル基、リン酸、ユビキチンなども知られているが、もっとも重要なのはアセチル基である。

ヒストンのアセチル化とはどんなものか。ヌクレオソームにはヒストンから伸びるように突き出た、尻尾のように見える「テール（tail）」が存在し、ここにタグとしてアセチル基がつくことをいう。アセチル基とは化学ではCH_3CO-と表記される酢酸の単位のことである。

ヒストンにタグのアセチル基をつける酵素が、ヒストンアセチル化酵素（HAT）である。ロックフェラー大学のデビッド・アリス教授のグループが、HATによってヒストン修飾が起こること、これがクロマチン構造を変えることで、遺伝子発現を左右することを明らかにした。2014年、この貢献により、アリス教授は日本国際賞を受賞した。

アセチル基がヒストンテールのアミノ酸につくのだが、そのアミノ酸の種類も決まっている。20種類のアミノ酸のうち、つくのはリジンだけである。だが、ヒストンテールに存在するリジンは1個だけではなく、いくつもある。いくつものアセチル基がついたヒストンは、その性質が大きく変わることになる。なぜか？

もともとヒストンとDNAとの結合は、プラスに荷電したヒストンとマイナスに荷電したDNAによる電気的な引き合いによるものである。ヒストンのリジンという塩基性のアミノ酸がアセチル化されると、ヒストン分子全体におけるプラスの荷電が少なくなるため、それまで強固だったDNAとの結合が弱まる。このためヌクレオソーム同士の集まりがゆるくなり、非凝縮クロマチンを形成する（図表3－4）。

非凝縮クロマチンになると、DNAの一部分がむき出しになる。むき出しになったプロモーターに転写因子やRNAポリメラーゼが結合し、DNAからmRNAへの転写が始まる。すなわち、**ヒストンがアセチル化されると、凝縮クロマチンは非凝縮クロマチンに変わり、遺伝子発現はオン**となる。

一方、**ヒストンからアセチル基を取り除く酵素も発見されている。この酵素をヒストン**

図表3-4　遺伝子発現におけるメインスイッチ、ヒストン修飾

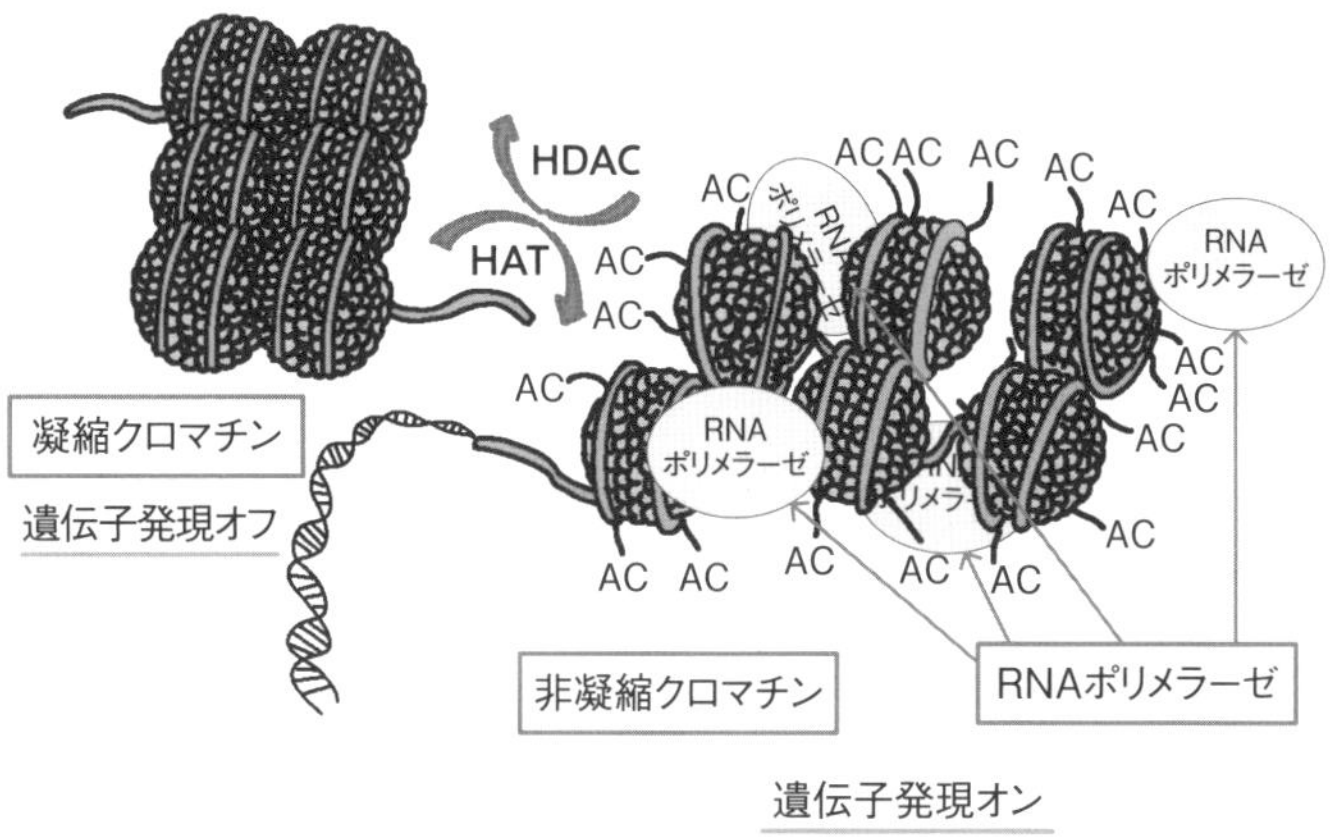

ヒストンのアセチル化によってクロマチンは非凝縮型になり、遺伝子発現はオン。一方、非凝縮クロマチンの脱アセチル化によって凝縮クロマチンになり、遺伝子発現はオフ。

HDAC：ヒストン脱アセチル化酵素
HAT：ヒストンアセチル化酵素
AC：アセチル基

脱アセチル化酵素（HDAC）という。この酵素が働き、ヒストンが脱アセチル化されると、ヒストンとDNAの電気的な引き合いが強くなる。ヌクレオソーム同士の集まりが密になり、凝縮クロマチンを形成する。凝縮クロマチンでは、転写因子やRNAポリメラーゼがDNAに接近できないので、転写が起こらず遺伝子発現はオフとなる。

このように、ヒストンのアセチル化によってタグがつけられ、脱アセチル化によってタグが取り外されることで、遺伝子発現のオンとオフが巧みにコントロールされている。しかも、ヒストンのアセチル化と脱アセチル化は環境の変化に応じてわりと容易に行なわれる。

長く、変異は、生物が環境の変化に応じて生き残るのに欠かせないものと固く信じられてきた。だが、そんな時間のかかる変異を待っていたのでは、種が絶滅してしまう。変異よりも短時間で環境の変化に対応する手段が求められる。それが、エピジェネティクスなのである。

昔の遺伝学の教科書、たとえば筆者がアメリカで分子生物学の研究を始めた1980年ころに夢中で読んだ、ジェームス・ワトソンによる名著*Molecular Biology of the Gene*（遺伝子の分子生物学）では、遺伝子発現におけるメインスイッチはプロモーターにある、と強調されていた。

だが、当時から40年がすぎた今明らかになったことは、**遺伝子発現におけるメインスイッチは、ヒストン修飾によってクロマチン構造を変化させること**である。クロマチン構造がゆるくなってはじめて、DNAに転写因子やRNAポリメラーゼを結合させるスペースができるというわけだ。このスペースに転写因子やRNAポリメラーゼが結合することで転写が始まる。

クロマチン構造をゆるくするのがヒストンのアセチル化であり、クロマチン構造を密にするのがヒストンの脱アセチル化である。このような教科書レベルの基本知識においてさえ、時間が経てばこうも激変する。常識を信じてはいけないことがわかる。

ヒストン修飾におけるメチル化は複雑

もうひとつヒストン修飾で重要なのが、メチル化である。これはヒストンにタグとしてメチル基をつけることである。ヒストンのメチル化の効果は、アセチル化にくらべ、かな

図表3-5　ヒストン修飾にかかわる酵素とその働き

酵素名	酵素の働き	タグとしての働き
ヒストンアセチル化酵素（HAT）	ヒストンタンパク質にアセチル基をくっつける	鉛筆
ヒストン脱アセチル化酵素（HDAC）	ヒストンタンパク質からアセチル基を取り除く	消しゴム
ヒストンメチル化酵素（HMT）	ヒストンタンパク質にメチル基をくっつける	鉛筆
ヒストン脱メチル化酵素（HDM）	ヒストンタンパク質からメチル基を取り除く	消しゴム

り複雑である。

思い出してほしいのは、ヒストンは、H2A、H2B、H3、H4といった4種類のタンパク質が2個ずつ、合計8個集まってできたヒストンオクタマーと呼ばれる複雑なタンパク質であることだ。

つまり、ヒストンを構成するどのタンパク質のどの箇所がメチル化されるかによって、遺伝子がオンになるケースとオフになるケースがある。だが、ヒストンのメチル化は遺伝子発現をオフにすることが多いようだ。

ヒストンにメチル基をつけたり、はずしたりする酵素も発見されている。ヒストンにメチル基をつける酵素をヒストンメチル化酵素（HMT）、反対にヒストンからメチル基を取り除く酵素をヒストン脱メチル化酵素（HDM）と呼んでいる。

ヒストン修飾において、アセチル基やメチル基をつけるのは「鉛筆」に、そしてアセチル基やメチル基を取り除くのは「消しゴム」に相当する。生得のゲノムに「鉛筆」と「消しゴム」を用いてタグをつけたりはずしたりすることによってエピゲノムを作成しているのである（図表3–5）。

もうひとつのメインスイッチ、DNAメチル化

遺伝子のもうひとつのメインスイッチは、DNAメチル化である。これは、メチル基というタグがDNA塩基のシトシン（C）の5位につくというもの。ヒストン修飾のタグは、アセチル基、メチル基のほかに、リン酸、ユビキチンなどが知られているのに対し、DNAのタグはメチル化のみである。

DNAは2本のリボンがからまりあってできている。このリボンにA、G、C、Tという4種類の塩基が並び、ひとつのリボン上のAはもうひとつのリボン上のTと塩基対を形

図表3-6　DNAメチル化の代表

メチル化はメチル基がシトシンの5位につく化学反応で、5-メチルシトシンができる。

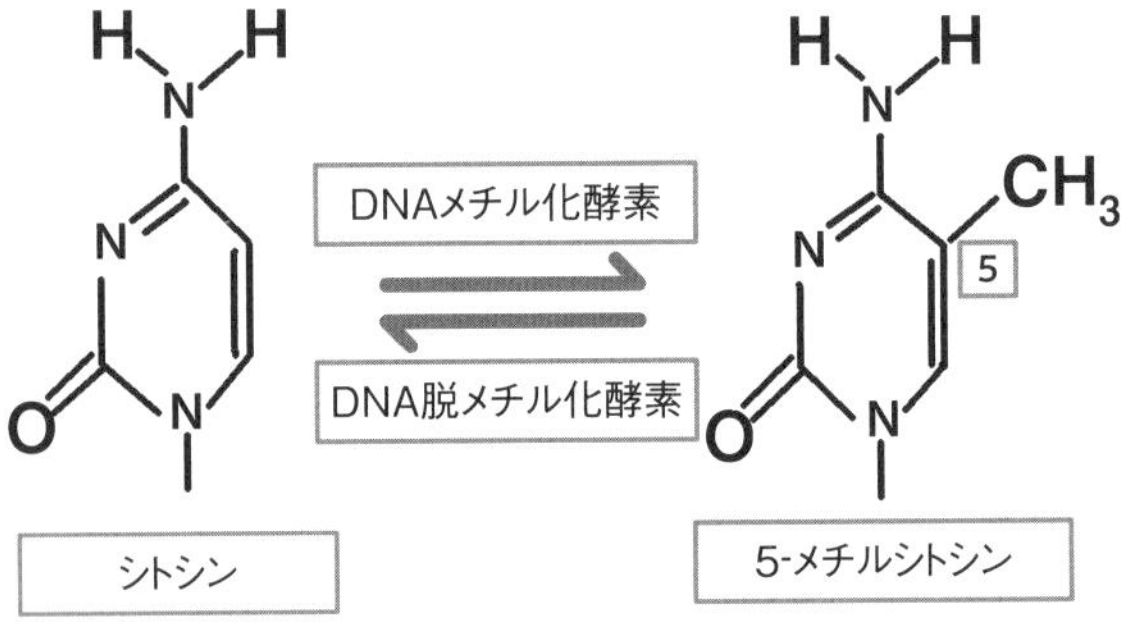

成する。同じように、CはGと塩基対を形成している。この塩基対の形成こそ、DNAが2重らせんをつくる原動力なのである。

ところでDNAのひとつのユニットであるA–T、C–G塩基対の分子量は約600である。これに対してメチル基（–CH_3）は15しかないから、メチル化によるDNAの変化はわずか約2・5％である。そんな小さな変化が、遺伝子発現を変えるというのは、驚きである。

シトシンの5位にメチル基がくっつくことで、メチルシトシンとなる（図表3–6）。この化学反応を進めるのが、DNAに「鉛筆」として働くDNAメチ

図表3-7　2本鎖DNAのシトシンに起こったメチル化

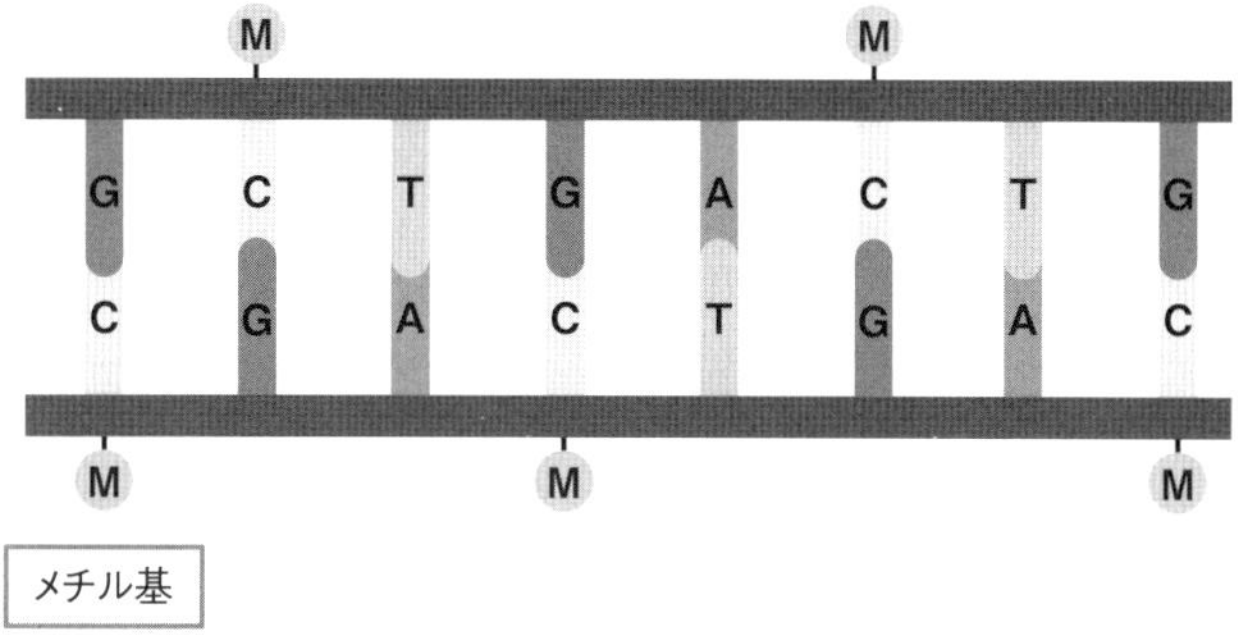

ル化酵素（DNMT）である。結果として、遺伝子の発現がオフになる。

DNAメチル化によって遺伝子がオフになる

哺乳類のゲノムではシトシン（C）に続いてグアニン（G）がくるCG配列が非常に多い。この領域のことをCpGアイランドと呼んでいる。CpGアイランドの特徴は、シトシンにメチル化が高頻度に起こることである（図表3−7）。たとえば、哺乳類のゲノムではすべてのCG配列のうち60〜90％もメチル化され

図表3-8　DNAのメチル化によって遺伝子発現がオフになる

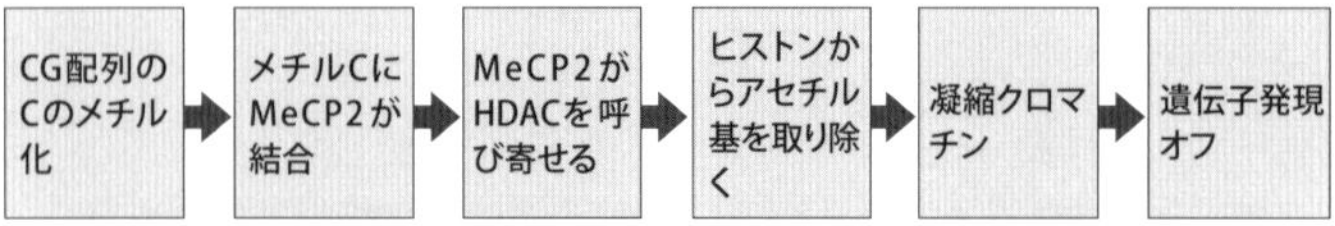
CG配列のCのメチル化
メチルCにMeCP2が結合
MeCP2がHDACを呼び寄せる
ヒストンからアセチル基を取り除く
凝縮クロマチン
遺伝子発現オフ

MeCP2：メチル化CpG結合タンパク質
HDAC：ヒストン脱アセチル化酵素

ている。

とりわけCG配列が多いのは、遺伝子発現を左右するプロモーターである。転写が始まるのは、ここに転写因子やRNAポリメラーゼが結合してからだ。しかし、CG配列のシトシンがメチル化されると異変が起こる。どんな異変かというと、MeCP2（メチル化CpG結合タンパク質）がメチルシトシンを見つけて結合するのだ。なお、MeCP2はメチル化されていないふつうのシトシンには結合しない。つまりMeCP2は、C-G塩基対のシトシンにメチル基というタグがつけられて生じたわずか約2・5%の違いを認識する高い能力の持ち主である。

プロモーターのメチルシトシンに結合したMeCP2は、ヒストン脱アセチル化酵素（HDAC）を呼び寄せ、ヒストンからアセチル基を取り除き、クロマチンを凝縮させる。凝縮したクロマチンのDNAには、RNAポリメラーゼが結合できないので、mRNAへの転写が起こらない。こうして遺伝子発現はオフになる（図表3－8）。DNAメチル化によって遺伝子発現がオフになるのだが、これもまた、凝縮クロマチンへの変化を経由して起こるのである。

人の発達に欠かせないDNAメチル化

DNAメチル化は、人の発達においても極めて重要である。それは、人体のすべての細胞にまったく同じゲノムが存在するにもかかわらず、人体の異なる器官や組織に応じ、異なる種類のタンパク質を合成する必要があるからである。

たとえば、小腸の細胞で必要とされるタンパク質は、脳の神経細胞、肝臓の細胞、皮膚の細胞、膵臓の細胞などで必要とされるタンパク質と異なる。もし、小腸の細胞で発現される消化酵素が脳内で発現されたなら、脳が壊れてしまう。そうならないように、エピジェネティクスによってそれぞれの臓器で必要なタンパク質を合成するための遺伝子だけが発現されている。

私たちは、頭、胴体、手足、眼、耳、鼻、口、歯、心臓、肺、その他さまざまな組織をもっている。だが、もしエピジェネティクスが存在しなかったとしたら、私たちはこれらをもつことはなく、ただ同じ細胞ばかりで一定の形をもたないひとつのかたまりであった可能性さえある。

また、ＤＮＡメチル化は感染症から私たち人を守るのにも役立っている。病気を引き起こすウイルスが私たちに感染したとしよう。このウイルスの遺伝子が私たちのゲノムに浸入した後にメチル化し発現を抑制することでウイルスの複製を抑え、発症を防いでいる。

ここまでで、ジェネティクス（遺伝学）とエピジェネティクスの基本を習得した。次章から、エピジェネティクスが食べ物依存や薬物依存、そしてうつの発症にどうかかわっているかを見ていこう。

第4章

薬物依存と食べ物依存から考えるエピジェネティクス

日本に蔓延する薬物

わが国で薬物汚染が広まっていることは第1章で述べた。わが国の近年の薬物犯罪の摘発者は、覚醒剤と大麻が大半を占めている。2019年の薬物乱用による摘発者、1万3364人というのは、氷山の一角にすぎない。逮捕されない薬物乱用者は、逮捕された者より圧倒的に多いのは容易に予想がつくはずだ。

違法薬物の主なものは、覚醒剤、コカイン、合成麻薬MDMA、LSD、大麻、モルヒネ、ヘロインなどである。それから、合法ではあるが、依存性と危険性からアルコールも薬物と同様に扱いたい。

巷では、覚醒剤、コカイン、合成麻薬MDMAなどは、脳を興奮させるから「アッパー」、一方、大麻、モルヒネ、ヘロイン、アルコールなどは、脳を抑制するので「ダウナー」と呼ばれることもある。

違法薬物を摂取してはいけないことは誰でも承知している。脳と体を蝕《むしば》むばかりでなく、違法なものであるから、もし所持や使用が発覚すれば逮捕される。逮捕されると芸能人であれ、スポーツ選手であれ、一般人であれ、社会的な信用を失い、職を失い収入がなくなるリスクが高い。これは重い。収入がなくなり、食事にも困るような状況になるのは、「オランダの飢餓の冬」の被害者が遭遇したように、生物の生存が直接に脅かされるという究極のストレスとなる。

それでも違法薬物を摂取する人が後を絶たないのは、彼らにとって大きな犠牲を払ってもなお獲得したいと思うほどのメリットがあるからだ。

覚醒剤のメリット

そのメリットとは、まず、違法な薬物の使用は法を犯していること自体にスリルがあり、興奮できるから楽しい。スリルを味わっているとき、脳内でアドレナリンと同時にドーパミンという快感を発生させる物質も放出される。なぜなら、アドレナリンはドーパミンを経由して合成されるからである。

ロッククライミングやヘリコプタースキーなど、人々があえて危険なエクストリームスポーツに挑むのも脳内で放出されるドーパミンの快感を味わうためである。ドーパミンの魅力ははかりしれない。

違法薬物のうち日本で使用されることが多いのは、覚醒剤である。２０１７年の薬物乱用による検挙者数１万４０１９人のうち、覚醒剤で逮捕されたのは１万２８４人と全体の73％に達する。

覚醒剤を摂取すると脳が興奮し、頭が冴え、元気が出てくる。だから、寝ないでも仕事ができる感じがしてくる。セックスをすれば、快感が増す。しかも食欲が大幅に低下するのでダイエット効果があるなどのほかに、満足感やウットリ感まで得られる。ストレス解消になる。努力せずとも覚醒剤を摂取するだけで、これだけのプラス効果が得られる。

これは覚醒剤のメリット、つまりアメの部分である。だが、これには落とし穴がある。

依存と離脱症状は必ずやってくる

覚醒剤のメリット、アメの部分を楽しむために覚醒剤を連用するとどうなるか。まず、効きめが落ちてくる。それまでの摂取量では同じ効果が得られなくなる。これが「耐性」と呼ばれる状態である。以前と同じ効果を得るためには、摂取量を増やさざるを得ない。耐性ができて量を増やして摂取を続けるうちに、覚醒剤なしでは苦しくてたまらない「依存」が発生する。

依存になって覚醒剤の摂取を続けると、脳の神経細胞がダメージを受ける。神経細胞と神経細胞のつながりをシナプスといい、たくさんのシナプスがつながることで回路（神経回路ともいう）を形成している。この回路の中に記憶、理解力、意思、判断力が存在する。神経細胞がダメージを受けるとシナプスは消失し、回路が壊れるから、必然的に記憶、理解力、意思、判断力が低下することになる。

これに気づいて覚醒剤を絶とうとすると、気分の落ち込み、イライラ、不安、ふるえ、けいれんなどの離脱症状（禁断症状）が襲ってくる。

離脱症状は依存から逃れようとする人をとらえて離そうとしない。離脱症状は薬物のムチの部分である。薬物乱用のメリットを享受した後には、デメリットがシッペ返しとして必ずやってくる。薬物乱用者は、快感を得るというよりも、むしろ離脱症状から逃れるために薬物を摂取し続けるようでさえある。まるで薬物の奴隷になったようだ。

それなら、人は禁欲的に生きるべきなのか。

人は快感を求めて生きている

人間は禁欲的に生きるべきで、気持ちよさ、喜び、楽しみを求めるのは修行の足りない人であるという意見がある。立派な意見に聞こえるが、脳科学の視点からは、この考えは誤りのように思える。その理由を説明しよう。

脳のもっとも深いところにある脳幹は、呼吸、脈拍、血液の流れ、発汗、体温など動物としての人が生きるための基本的な生理機能をコントロールしている。脳幹の中にある視床下部は、人という個体が生き残るのに食べることを欲する食欲、人の集団である種が生き残るためにセックスすることを欲する性欲を発生させている。

脳のもっとも深いところで欲望を生み出しているのだから、人の欲望は生きている限り、なくなるものではない。欲望は修行によって消失するものではない。

人は快感を求めて生きている。エクストリームスポーツに挑む人ばかりではない。運動会のかけっこで1等賞をもらった子どもが喜んで大はしゃぎする。目標を達成すると満足する。成功して褒められるのはうれしい。うまいものを食べれば、幸せを感じる。子どもでも大人でも快感や満足感を求めて生きていることがわかる。

快感や満足感の基本になるのは、食べる、セックスする、子どもを育てる、他人を思いやる、つらい訓練に耐えて技術を習得する、誰かを愛する、困っている人を助ける、目標を立てて努力し達成するなどである。加えて、何かを理解したり、それまでの謎が解けたりといった知的活動の過程にも大きな喜びがある。この楽しみを得ようと人は学ぶようだ。

これらの行動をすることによって、違法薬物を摂取することなく、快感や満足感が得られ、幸せを感じるしくみが脳内に備わっている。このしくみの発達した人のグループが生き残り、私たちの祖先となったと思われる。

このしくみのことを報酬系という。私たちが快感を感じているとき、脳内のこの回路をドーパミンという快感物質がかけめぐっている。では、報酬系は脳のどこにあるのか。

報酬系をかけめぐる快感物質ドーパミン

1953年、報酬系はマギル大学の博士研究員ジェームズ・オールズと大学院生だったピーター・ミルナーによって偶然発見された[1]。そのときの実験を紹介しよう。まず、ラットの頭に直径数ミクロンという極細の電極を刺しておく。この電極はペダルにつながっている。ラットがこのペダルを踏めば、電極からラットの脳に電気が流れるしかけになっている。

次に、ラットの頭に刺した電極を数ミリメートルずつ動かしていくと、ラットが何度もくり返してペダルを踏むではないか。そんな特別の箇所が辺縁系に見つかったのだ。辺縁系は、脳の中層にあって感情を発生させる領域である。辺縁系の側坐核《そくざかく》はやる気を生み出す脳で、ドーパミンという快感を発生させる物質を放出する。

ラットが何度もペダルを踏んだ理由は、快感という報酬を得るためであった。このときに報酬系という言葉が用いられた。ラットが何度もペダルを踏むとき、脳の辺縁系にある報酬系では、側坐核から放出されたドーパミンがかけめぐっていたのである。薬物乱用、薬物依存、食べ物依存など多くの依存症においてポイントになるのが、側坐核から放出されるドーパミンである。

脳内でドーパミンを放出する神経細胞をドーパミン神経系と呼んでいる。その始まりは、中脳の側面にある腹側被蓋野《ふくそくひがいや》で、ここから辺縁系の好き嫌いを判断する扁桃体《へんとうたい》、やる気を生む側坐核を通り、前頭葉の大部分を占める前頭前野に達している（図表4－1）。

すなわち、ドーパミン神経系は本能を発生させる脳幹、感情をつかさどる辺縁系、そして判断力、予測、ものの見方、推理などをつかさどる前頭前野までをつないでいる。薬物の摂取によって脳にさまざまな影響が及ぶのは、このためなのである。

（1）J. Olds, P. Milner, Positive reinforcement produced by electrical stimulation of septal area and other regions of rat brain. Journal of Comparative and Physiological Psychology, 47 (6): 419-427, 1954.

図表4-1　脳内のドーパミン神経系の広がり

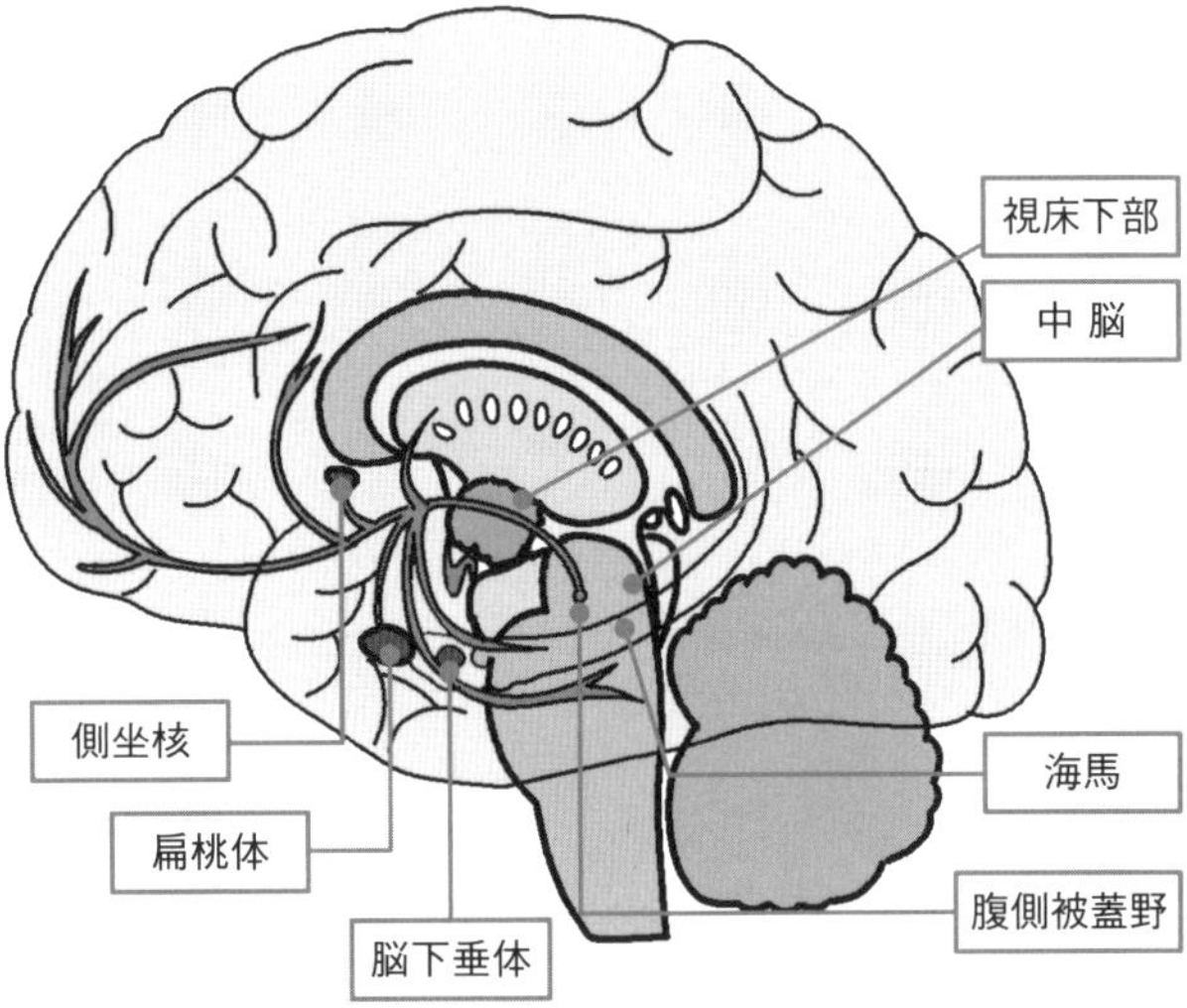

ドーパミン神経系は中脳の側面にある腹側被蓋野に始まり、扁桃体と側坐核を通り、前頭前野に達する。ドーパミンが報酬系をかけめぐることで快感が発生する。

「アッパー」も「ダウナー」も快感を与える

薬物乱用の主な目的は快感を得るためである。覚醒剤、コカイン、合成麻薬MDMAなどの「アッパー」は脳を興奮させ、やる気を起こすから、この目的で乱用するのはわかりやすい。だが、大麻、モルヒネ、ヘロイン、アルコールなどの「ダウナー」はやる気をそいでしまい、かえって気分が低下してしまうのでは、と思うかもしれない。

誤解である。「アッパー」も「ダウナー」も乱用者に快感を与え、気持ちよくするという点では同じである。脳を興奮させようが、抑えようが、薬物摂取によって辺縁系の報酬系が活動を始め、これによって側坐核から快感物質・ドーパミンが放出され、気持ちよくなるのである。薬物乱用の目的のひとつは快感を得て気持ちよくなることであり、これは興奮剤でも抑制剤でも達成される。

ドーパミンが辺縁系の報酬系をまわっているとき、私たちは心地よい陶酔の世界に遊ぶのである。その快感は、ある薬物の乱用者によると、「セックスをしていて射精寸前の満足感」であり、「好きな男に抱きしめられたみたい」という。この快感を得ようとして彼らは薬物から離れられなくなる。それは、彼らが薬物の奴隷となったということである。

油断ならない、「合法薬物」アルコール

覚醒剤、コカイン、合成麻薬ＭＤＭＡ、ＬＳＤ、大麻などは、違法であり、依存性があり、脳と体を蝕む。だが、油断ならないのはアルコールである。アルコールは大麻以上に依存性があるにもかかわらず、合法である。街には、ビールや酒の自動販売機が置かれているがゆえに、子どもでさえ容易に手に入れることができる。アルコールは嗜好品とされるが、脳、とりわけ前頭前野を抑制する働きがあるので、実態は「合法薬物」である。

アルコールは人に開放感を与え、一時的に不安を和らげるが、連用すると、人を依存に引き入れ、そしてしばしば自殺を誘発する薬物でもある。

薬物犯罪の再発率が高い

芸能人は顔が知られていて目立ちやすいから、薬物を手に入れにくいと思いきや、それでも入手している。要するに、日本は違法薬物を手に入れやすい環境にある。これは芸能人も一般人も変わらない。

違法薬物を摂取したことが発覚して逮捕される。法廷でもう摂取しないと誓うも、また摂取し、発覚して逮捕される。たとえば、田代まさし氏は覚醒剤やコカインで複数回逮捕された。田代氏は、薬物依存者の回復を支援する団体「ダルク」に入り、スタッフとして5年間にわたり啓蒙活動に力を注いでいただけに、残念である。

「また、逮捕か」と彼を批判する声があるが、彼は大いなる努力を続け、啓蒙活動に参加し、5年間は薬物で逮捕されることはなかった。立派である。強い意思があれば、薬物をやめられるという主張は誤りである、と私は思う。

歌手の清水健太郎氏もまた覚醒剤や合法麻薬などで何度も逮捕された。そして五輪体操選手だった岡崎聡子さんは定期的に発覚し、薬物事件で10回以上も逮捕されたという。彼らを逮捕し、刑務所に送って罰する。そして出所した彼らは薬物を摂取する。このサイクルをくり返している。このサイクルに治療は入っていない。

どこの国でも薬物依存者の再発率は高く、40～60％と報告されている。(2) 日本ではさらに高い。たとえば、２０１９年、警察庁は、日本における覚醒剤の再発率を検挙人員８５８４人、再犯者数５６８７人、再発率66・３％と報告している。(3)

なぜ、日本の薬物犯罪の再発率はこうも高いのか。日本人の意思が特別に弱いからなのか。そんなはずはない。それから、今、述べたように、厳しい芸能界やスポーツ界で成功した人たちでさえも、再犯してしまうことがある。わが国における再発を防止する対策に何か重要なことが欠けているとしか私には思えない。

依存症にかかわるエピジェネティクス

なぜ、薬物犯罪は再発しやすいのか。生物学的な面から見ていこう。薬物摂取によって側坐核からドーパミンが放出され、報酬系をまわることで気分がよくなる。この快感を求めて薬物犯罪がくり返されると説明されている。また、離脱症状を避けるために薬物を摂取し続けるとも説明される。だが、これらの説明では納得できない。なぜか。

そもそも**薬物による快感は一時的なもの**である。それは、摂取された薬物が体内で代謝され、排泄されると消えるからである。離脱症状は一定の期間、薬を体内に入れなければ、消えるものである。

だから、こう問い直さねばならない。**なぜ、乱用者は薬物を数カ月から数年間も絶った後でさえ再び薬物に手を出してしまうのか**、と。

薬物を数年間も絶っていたが、ふとしたきっかけからまた薬物に手を出してしまったケースが多い。マスコミや世間は「もうやらないと約束したにもかかわらず、また手を出した」などと、暗に彼らの意思が弱いと言いたげに彼らを批判する。

（2）AT. McLellan et al., Drug Dependence, a Chronic Medical Illness: Implications for Treatment, Insurance, and Outcomes Evaluation. JAMA, 284: 1689–1695, 2000.

（3）公益財団法人麻薬・覚せい剤乱用防止センター　薬物乱用防止のための基礎知識、調査・データ http://www.dapc.or.jp/kiso/31_stats.html

ポイントは、ふとしたきっかけだ。２０２０年に法務省が発表した犯罪白書において、覚醒剤の使用歴がある受刑者（男性４６２人、女性２３７人）から聞き取った回答を報告している。[4] 白書によると、覚醒剤を使いたくなった場面を複数回答で尋ねたところ、「クスリ仲間と会ったとき」が最多で男性60・６％、女性53・２％、次が「クスリ仲間から連絡がきたとき」で男性52・２％、女性48・５％であった。

「クスリ仲間と会う」と「クスリ仲間からの連絡」が、彼らに過去の薬物体験を思い出させ、薬物の使用へと駆り立てる。それは、薬物を摂取するという報酬と、その際に使用した注射、針、アルミホイル、ライター、カッターなどの道具（キュー）がペアになって連合学習されたからである。道具を目にしたり、耳にしたりするとき、連合学習の効果があらわれ、彼らの脳内で薬物のことが思い出される。

このような理由から、私は、彼らが薬物に再び手を出してしまうのは意思が弱いからとは思わない。薬物摂取によって彼らの脳内に連合学習を含め、何か重大な変化が起こり、その状態が長く続いていると考えざるを得ない。

そうなると、もっとも可能性が高いのは、エピジェネティクスである。もしかしたら、彼らの脳内で薬物の摂取によって遺伝子の読み方が変わるエピジェネティクスが起こっているのではないか。エピジェネティクスの視点から依存症を考えてみたい。

覚醒剤VSコカイン

わが国の薬物犯罪でもっとも多いのは覚醒剤であるが、本書ではコカインの研究を紹介する。これには理由がある。薬物乱用は人々の健康を脅かす重要課題のひとつであり、世界で多くの科学者が薬物による依存の発生するしくみを解き明かそうと研究を続けている。

コカインと覚醒剤は、どちらも脳を興奮させ、快感を与える。

どちらも神経細胞に働きかけ、脳を興奮させる伝達物質のノルアドレナリン、セロトニン、ドーパミンを大量に放出させることによって、巨大な興奮シグナルを発生させ、大興奮と快感の洪水にひたらせる。覚醒剤とコカインは、その効果と、効果のあらわれるしく

（4）法務省　令和2年版　犯罪白書の概要　http://www.moj.go.jp/content/001332851.pdf

みはよく似ているが、コカインは覚醒剤より効果がはるかに強力で、その分、依存を発生させやすく、健康被害もより甚大なものとなる。

覚醒剤にはアンフェタミンとメタンフェタミンがあるが、アメリカではどちらも処方薬として使われている。アンフェタミンは、ナルコレプシー（時間や場所にかかわらず、突然強い眠気に襲われ、居眠りを1日に何度もくり返してしまう病気）、ADHD（注意欠陥多動性障害）、肥満に対する処方薬として使われている。そして、メタンフェタミンはADHDに対して使われている。一方、コカインはまれに局所麻酔剤として用いられるが、もっぱらといっていいほど違法薬物として乱用されている。

このため、アメリカにおける薬物依存の研究において、また、薬物依存をエピジェネティクスの視点から追跡する研究においてはなおさらのこと、コカインにかんする研究が覚醒剤のそれよりも圧倒的に多く、研究結果の信頼性も高いのである。

コカイン摂取はエピジェネティクスを引き起こす

エピジェネティクスの視点から依存症を考えてみよう。そのものズバリを発表したのは、イスカーン医科大学のジアン・フェング博士とエリック・ネスラー教授である。２０１５年、彼らはコカインの摂取によって脳内でエピジェネティクスが起こることを発表した。[5] その内容を紹介しよう。

マウスの脳にコカインをくり返し注入し、24時間後に側坐核におけるＴＥＴ１と呼ばれる酵素の遺伝子を調べたところ、ｍＲＮＡ、ＴＥＴ１タンパク質ともに発現が低下していた。それから自殺したコカイン依存者の脳も調べたが、側坐核のＴＥＴ１遺伝子の発現（通常、ｍＲＮＡの量を測定することで判定する）は、コカイン依存していない死者にくらべ、

（5） J. Feng et al., Role of TET1 and 5-hydroxymethylcytosine in cocaine action. Nat Neurosci: 536–544, 18 Apr 2015.

約40％も低下していた。

辺縁系に属する側坐核はドーパミンを放出し、快感を発生させる源である。TET1タンパク質については解明されていないことが多いが、これまでの研究からわかっているのは、脳に多く存在すること、DNAのメチル化シトシンからメチル基を取り除くことである。要するに、TET1タンパク質はDNAの脱メチル化を促進する。

ここで**エピジェネティクスの鉄則を思い出してほしい。「DNAメチル化は遺伝子発現をオフにし、DNA脱メチル化は遺伝子発現をオンにする」**。

側坐核でメチル基を取り除く酵素であるTET1タンパク質が減少したのだから、DNAメチル化が増加し、ドーパミン遺伝子の発現がオフになると予測される。しかし、実際にはメチル化が減少し、ドーパミン遺伝子の発現がオンになっていることが観察された。この観察結果は予測したものと真逆である。TET1タンパク質の働きがまだ十分に理解されていないのか、あるいは、コカインの摂取によってラットの脳内で私たちの知らない何かが起こっているかである。

TET1タンパク質はコカイン摂取による快感を低下させる

マウスの脳にコカインをくり返し注入すると脳内でTET1タンパク質が減少するというのは、私たち人にとってどんな意味があるのか。そしてTET1タンパク質は、薬物摂取によって得られる報酬にどのような役割をはたすのか。

この疑問に答えるために、彼らは、行動科学者が実験動物の2つの物質への好みの程度を調べるのによく使う「条件づけ場所嗜好性試験」を採用した。

まず、2つの異なる部屋がつながったものを用意する。マウスは2つの部屋を自由に行き来できる。マウスはひとつの部屋でコカインを、別の部屋で塩水を注入された（図表4－2）。これでコカインという報酬と部屋というキュー（暗示）がつながった。マウスは自分の好きな物質が注入された部屋で長い時間を過ごすが、好みがない場合、どちらの部屋でもおよそ同じ時間を過ごす。これで、TET1タンパク質は薬物摂取によって得られる報酬にどのような役割をはたすのかを調べる準備ができた。

図表4-2　条件づけ場所嗜好性試験

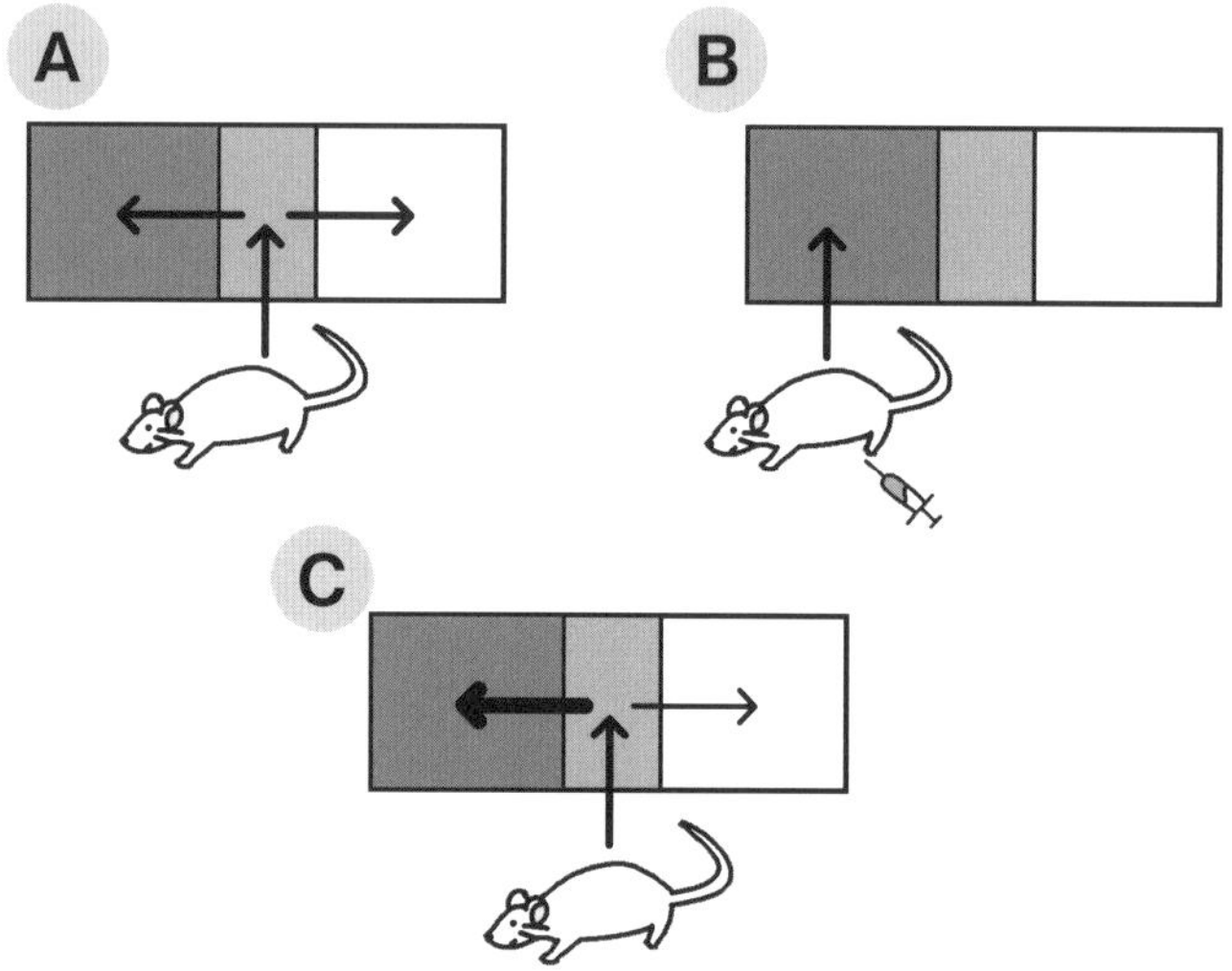

Ⓐ マウスに薬物を注入する。好みがない場合、マウスは両方の部屋でおよそ同じ時間をすごす。
Ⓑマウスはひとつの部屋でくり返しコカインを注入された。
Ⓒマウスはくり返しコカインを注入された部屋で長い時間をすごす。

この部屋ですごした時間をノックアウトマウスとふつうのマウスで比較する。

結果：ノックアウトマウスは、ふつうのマウスにくらべ、この部屋で非常に長い時間をすごした。

次に、遺伝子工学の技術を使い、側坐核でTET1タンパク質を合成することのできないマウス（ノックアウトマウスという）を作製した。そして「条件づけ場所嗜好性試験」を行なったところ、ノックアウトマウスはふつうのマウスにくらべ、コカインを注入された部屋で非常に長い時間をすごした。すなわち、ノックアウトマウスはふつうのマウスにくらべ、コカインを圧倒的に好むようになったのである。こうして、TET1タンパク質は、コカインを摂取することへのブレーキになっていることが確認された。

次に、ノックアウトマウスの側坐核にTET1タンパク質を注入したところ、コカインを与えた部屋ですごす時間が低下した。すなわち、ノックアウトマウスのコカインへの好みが顕著に低下した。これらの実験結果から、TET1タンパク質はマウスがコカイン摂取によって得られる快感を低下させることが判明した。

薬物犯罪を再発させるエピジェネティクス

マウスの脳にコカインをくり返し注入すると、側坐核のＴＥＴ１遺伝子の発現が低下した。それから自殺したコカイン依存者の側坐核でもＴＥＴ１遺伝子の発現が低下していた。これらが意味することは、マウスでも人でもコカインを慢性的に摂取することによって、脳内のＴＥＴ１遺伝子の発現が低下し、コカイン摂取による快感が高まるということである。これが、コカインは薬物依存を引き起こすリスクが高い理由のひとつと考えられる（図表４－３）。

たとえば、あなたの好物がポテトチップスだとしよう。１枚だけですんだことは何度あるだろう？　そう多くはないはずだ。最初の１枚を口にするやいなや、なぜ、どれほどポテトチップスが好きか、ということを思い出す。そして容器に残ったポテトチップスの最後の１枚まで平らげてしまうことが多い。これはポテトチップスのケースである。

だが、より強力なのはコカインのケースである。コカインをくり返し摂取することによ

図表4-3　コカインのくり返し摂取がコカイン依存を起こす

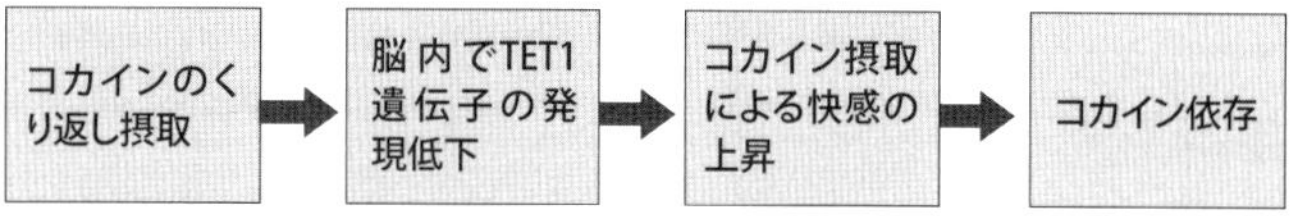

TET1タンパク質はコカイン摂取による快感を低下させる。

って、将来、ラットがコカインを欲しがったり、好んだりする度合いが高まる。袋の残りを食べ終えたマウスは、次の袋に移りたいのである。

　コカイン摂取によって脳内でドーパミンが放出されることで得られる快感は、一時的なものである。だが、コカインをくり返し摂取すると、コカインへの脳の欲求が増強する方向にエピジェネティクスを引き起こし、しかもこの変化は持続する。これが、なぜ、薬物犯罪の再発率が高いのかという問いへの回答である。

　たとえ依存者が強い意思をもって薬物を中断したとしても再発しやすいのは、エピジェネティクスが大きな要因となっているからである。

生まれてくる息子のコカイン感受性が変わる！

コカインの摂取によって脳の遺伝子が変化し、それが数カ月も続くというのは驚きであるが、父がコカインを摂取すると彼の未来の息子の薬物への感受性が影響されるという主張を聞いたら、人々はどんな反応をするだろう。たいていの人は「まさか、そんなことありえない」と思うだろう。

誤りである。まさにこのことを示す論文を2013年、ペンシルベニア大学の大学院生（以下、院生）のフェア・ヴァソラーさん（現在はタフツ大学の教授）とロバート・ピアス教授が発表した。(6) 内容を紹介しよう。

まず、オスのラットを部屋に入れ、レバーを押せば自らコカインを脳に注入できるようにした（図表4-4）。ラットはコカインの自己投与によって60日間欲しいだけハイになることができた。

この60日間には意味がある。それは、ラットの新しい精子が形成されるのに要する期間

図表4-4　レバーを押して自らコカインを脳に注入するラット

が60日であるからだ。彼らが知りたかったのは、コカイン摂取がラットの精子形成にどのように影響するのか、この精子がラットの子孫のコカインへの感受性にどのように影響するかであるからだ。

そして60日後、このオスラットを薬物摂取したことのない（ドラッグフリー）メスラットにつがわせ、生まれてくる子ラットのコカ

（6）F. Vassoler et al., Epigenetic Inheritance of a Cocaine-resistance Phenotype. Nat Neurosci, 16(1): 42-47, Jan 2013.

インへの感受性を調べた。

結果はこうだ。コカインを自己投与した父から生まれた息子ラットは、娘ラットやドラッグフリーの両親から生まれた息子ラットにくらべ、レバーを押す回数、すなわち、コカイン摂取量が著しく減少していた。たとえば、レバーを押した回数は、娘ラットやドラッグフリーの両親から生まれた息子ラットや娘ラットといった対照群が約150回、一方、コカインを自己投与した父から生まれた息子ラットは約100回である。

コカインを自己投与した父から生まれた息子ラットは、対照群にくらべ、コカインの摂取量が少ないだけでなく、同じレベルの依存に到達するのに要した時間も長かった。

結論はこうだ。オスラットがコカインを摂取すると、生まれてくる息子ラットのコカインへの感受性が低下し、依存になりにくい。この効果が娘ラットにはあらわれなかった理由は不明である。今後の研究を待ちたい。

ラットがコカインを摂取したのはわずか2カ月であるが、オスの子孫の生理と行動を著しく変えるのには十分な期間であった。この研究結果は興味深いと同時に、怖くもある。

私たちが行動について考えるとき、自分の行動だけを考えがちで、誰もエピジェネティクスを通して子孫の行動に影響することを考えないからだ。しかし、今、私たちは自分の行動が子孫に影響を及ぼすことも考慮しなければならなくなったようである。

BDNFがコカインの効果を鈍らせる

では、コカインへの感受性が低下した息子ラットの脳内で何が起こったのか。カギはBDNFにあった。**BDNFは脳由来神経栄養因子**といい、いくつかある脳の成長因子の中でもっとも重要なものである。それは、**BDNFが神経細胞を成長させ、神経細胞と神経細胞の間にシナプスをつくるのを助ける**からである。神経細胞と神経細胞はシナプスを通してコミュニケーションしていて、BDNFが増加すると、このコミュニケーションはより円滑なものとなる。

ヴァソラーさんとピアス教授が発見したのは、コカインを自己投与した父の息子の脳内（意思決定や行動をつかさどる前頭前野）で、BDNFタンパク質とBDNFのmRNAが増加していたことである。これによって息子ラットは、コカインへの欲求をコントロールしやすかったと理解できる。

そして、息子ラットの脳内でエピジェネティクスが起きているかどうかを調べた。すると、**前頭前野のBDNF遺伝子のプロモーターにあるヒストンが顕著にアセチル化されているのが見つかった。**ヒストンのアセチル化によってBDNF遺伝子の発現が上昇し、BDNFが多くつくられたことがわかる。

精子を通してのエピジェネティクス

では、BDNFの働きが上昇したことが、息子ラットのレバーを押す回数を減らしたのか。BDNFはその受容体に結合することで効果を発揮する。そこで、BDNFの受容体への結合を妨げる阻害剤のANA-12という物質を与えたところ、減少していた息子ラットのレバーを押す回数は元に戻った。このことから、脳内で多くつくられたBDNFが、コカインの効果を鈍らせていたことが明らかとなった。

さて、父は、コカインを摂取したときに得られる快感が低下したことをどのようにして彼の息子に伝えたのか。父ラット自身がこの性質をもっていないにもかかわらず。カギは精子である。そこでコカインを自己投与した父ラットの精子の遺伝子を分析したところ、BDNFのプロモーターにおいてヒストンのアセチル化が起こっていることを見つけた。これが、最終的に息子の前頭前野においてBDNF遺伝子の発現をオンにしていたのである。

この研究によって薬物の摂取は本人に影響を及ぼすにとどまらず、薬物への好みが世代を超えて子どもにも伝わることが明らかになった。

食べ物への欲求——無意識のうちに学習する

なぜ、食べ物を欲しがるのか。お腹が空いているせいなのか。想像してみてほしい。あなたのよく行くコーヒーショップやファストフード店の看板やロゴを見ると自然に足が向く。たとえお腹が空いてなくても購入してしまう。

私たちは食べ物に対して生理学的に反応するようにできているようだ。美味しい食べ物を見たりにおいを嗅いだりするだけで、食べ物を消化するための消化液がお腹に放出される。この反応を食品会社は洗練された広告を使い、巧みに利用してきた。

食欲は単純な生理学的な反応というより、はるかに複雑な反応である。たとえば、ある食品のロゴを見るだけで食欲が湧いてくる。スターバックスのロゴ自体が、ドリンクがそこに存在しなくても私たちに購買意欲を沸き立たせる。

なぜか。私たちは無意識のうちにシンボルとなるキュー（暗示）を食べ物（報酬）とつなげ、日常生活で使ってきたからである。キューと報酬がペアになることを「連合学習」という。連合学習すると、キューを見たり聞いたりするだけで無意識のうちに報酬を期待するようになる。

古典的な実験「パブロフの犬」――キューと報酬をつなぐ連合学習

脳内の変化を紹介する前に、科学者がどのようにして古典的なパブロフの犬の実験によって連合学習を発見したのかを紹介しよう。

犬が食べ物（報酬）を見るとよだれを流す。これは自然に起こる生物学的な反応である。しかし、犬がベルの音（キュー、暗示）を聞いただけではよだれを流さない。食べ物（報酬）とベルの音（キュー、暗示）がペア（連合）になっていないからである。

旧ソビエト連邦の生理学者イワン・パブロフ博士は、ベル（キュー）が鳴ると犬に食べ物（報酬）を与える訓練をくり返した。すると彼は思いもよらないことを発見した。訓練が終わりに近づくと、ベルが鳴るだけで犬がよだれを流すようになったのである。

パブロフは、こう結論した。犬はベルの音というキューを食べ物という報酬と関連させることを学んだ、と。この学習は無意識に起こる。しかも、進化的にも利益がある。それは、キューがあらわれるときに、お腹がこれからやってくる食べ物のために準備するからである。

犬に限らず、私たちも似たような学習をしている。すなわち、私たちは言葉や写真で表現されるブランドという「キュー」を商品という「報酬」と無意識のうちに連合させている。これが「連合学習」である。

だから、スターバックスのロゴである2つの尻尾のある人魚は、強く条件づけられたキューとなって食欲の引き金を引く。私たちがコーヒーを購入する気になるのは、キューと報酬がペアになったからだ。

先に述べた、覚醒剤の使用歴のある受刑者のケースでは、「クスリ仲間と会う」「クスリ仲間からの連絡」がキューであり、薬物の使用が「報酬」に相当する。食べ物への過剰な欲求と薬物への渇望は、しくみが、あまりにもよく似ていることがわかる。

キューによって報酬への渇望が湧きあがるのだが、このとき、脳内で何が起こっているのか。

キューと報酬のペアリングに欠かせないエピジェネティクス

人の行動は複雑だが、ラットを用いることでキューと報酬の関係を調べることができる。脳科学の視点からは、腹側被蓋野《ふくそくひがいや》のドーパミン神経系が報酬や目標志向型の行動を起こす中心的な役割を担っている。

すなわち、キューが腹側被蓋野を刺激するとドーパミンが放出され、これを側坐核が受け取ることによって渇望という動機づけが無意識のうちに生まれる。連合学習のカギは、

図表4−5　腹側被蓋野のドーパミン神経系は報酬を求める行動を引き起こす

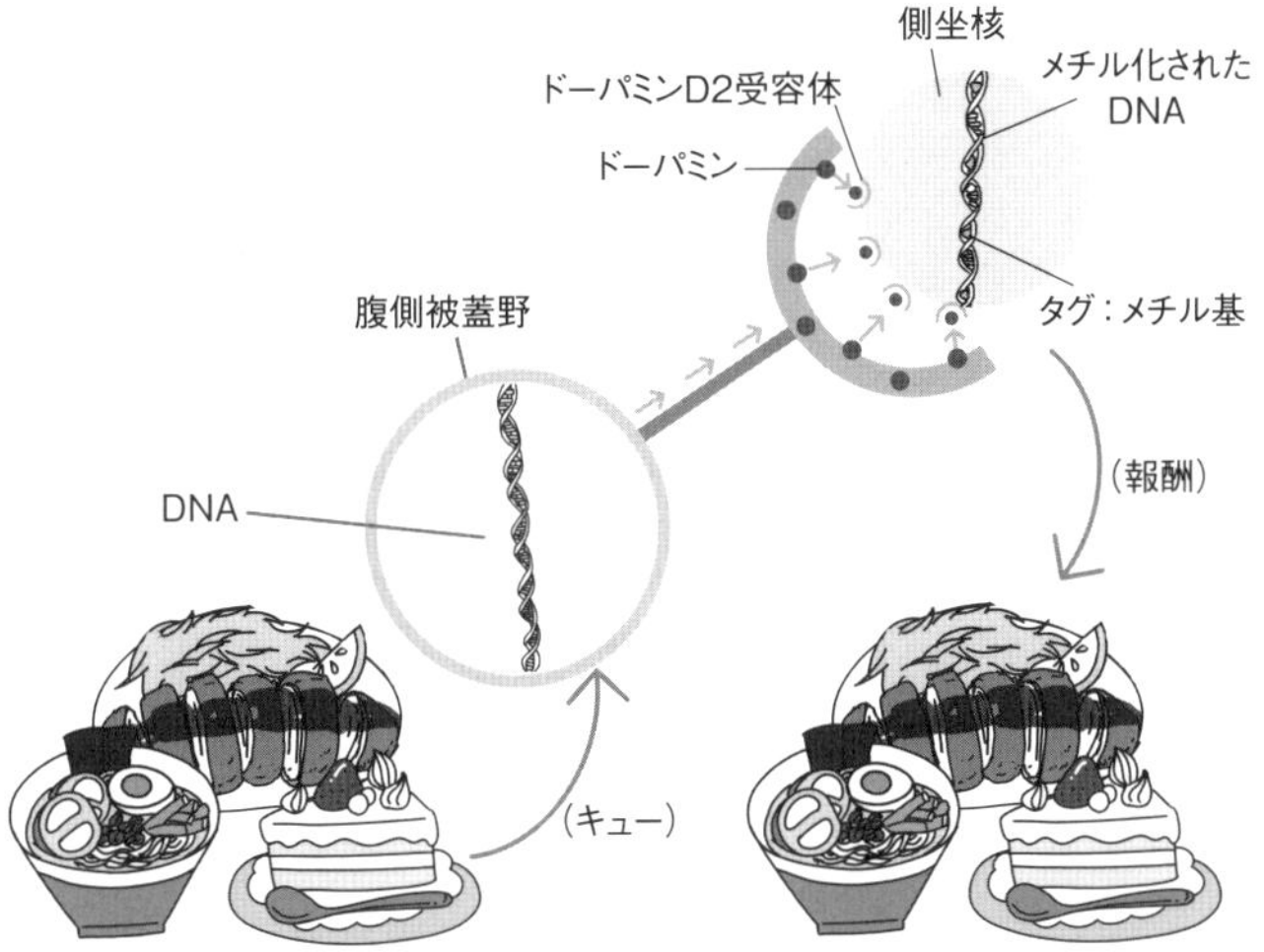

キューと報酬を結びつける連合学習にドーパミンD2受容体遺伝子のメチル化が必要である。
このとき、D2受容体の生産も低下している。

ドーパミンである（図表4－5）。

2013年、アラバマ大学のジェレミー・デイ教授のグループは、ラットを用いた実験で、連合学習を形成するには腹側被蓋野におけるDNAメチル化が必要なことを報告した[7]。内容を紹介する。ラットにキューとして音を、そして報酬として砂糖水を与えパブロフ型条件づけを行なった。すなわち、音を聞かせ、砂糖水を与えて、キューと報酬をペアにした（連合学習した）ラット群を作製した。もうひとつのラット群は、キューと報酬をわざとペアにしなかった。

そして両群の腹側被蓋野における遺伝子を調べたところ、キューと砂糖水がペアになった群ではDNAメチル化が顕著に起こっていたが、ペアにならなかったラットでは、DNAメチル化は起こらなかった。

では、連合学習するのに、腹側被蓋野におけるDNAメチル化は欠かせないのか。そこで、ラットの腹側被蓋野にDNAメチル化酵素の働きを妨げるRG108という物質を注入したところ、連合学習は起こらなかった。こうして連合学習の形成には腹側被蓋野におけるDNAメチル化が欠かせないことが明らかとなった。

しかし、DNAメチル化がどのようにドーパミン神経系を活性化し、連合学習を形成させるかはわからない。今後の研究を待ちたい。

ドーパミン受容体と依存症

誰でもキューと報酬の連合を無意識のうちに学習するが、だからといって、すべての人が報酬を求めて行動するわけではない。しかし、ある人はキューを見ると報酬を求めずにはいられない。なぜか。カギは、ドーパミンとドーパミンを受け取る受容体の働きである。ドーパミンは、食べ物への渇望にかかわる報酬系の通貨と思えばよい。ドーパミンが効果を発揮するには、まず、ドーパミンが受容体に結合しなければならない。現在、知られているドーパミン受容体は5種類あるが、依存に関係するのは主にドーパミンD2受容体（D2受容体）と呼ばれるものだ。

（7）JJ. Day et al., DNA methylation regulates associative reward learning. Nat Neurosci, 16(10): 1445–1452, 2013.

Ｄ２受容体が減少すると、前頭前野と辺縁系に異常が起こる。通常、Ｄ２受容体は前頭前野に働きかけ、過剰な興奮を抑えている。このためＤ２受容体が減少すると、食べすぎたから、この辺でやめておこうとか、昼間から酒を飲むのを控えよう、などといった脳の抑制が効かなくなる。すなわち、Ｄ２受容体の減少は、食べ物依存や薬物依存を引き起こすアクセルとして働くのである。そして辺縁系でＤ２受容体が不足すると、快感が不足することになる。このようにＤ２受容体が減少すると、食べ物依存や薬物依存を引き起こしやすくなる。

過食、薬物依存とエピジェネティクス

過食とＤ２受容体の発現について、２０１０年当時、フロリダ州のスクリプス研究所のポール・ジョンソンとポール・ケニー（現在、イスカーン医科大学教授）両博士が、ラットを使い、食べ物の種類によって脳内のＤ２受容体の発現が変わるという画期的な結果を発表した。[8]

この研究で明らかになったことは、**D2受容体の生産が低いと食べ物を渇望せずにはいられなくなること、脂肪分と糖分の多い美味しい食べ物が常に得られる環境に置かれるとD2受容体の発現が著しく低下することである。同じことは、アルコール、アヘン、コカイン、覚醒剤の依存症の患者でも確認されている。**

脳内でD2受容体が不足すると、報酬系の活動が低下し、快感が不足する。この快感不足を補うために過食者は多く食べ、薬物依存者は薬をやめることができないと理解できる。**太った人は意思が弱く、自制心に欠けているという考えは誤り**である。肥満は、脳の報酬系が十分に働かないために生じる快感不足を補うために、過食する結果である。過食は薬物依存と同じしくみで発生することがわかる。意思が弱い、だらしないからという批判は、過食者にも薬物依存にも当たらない。

依存がD2受容体の発現に関係し、しかもそれがエピジェネティックによってコントロールされていることも明らかになった。このことを2016年、ミシガン大学のシェリ

（8）PM. Johnson, and PJ. Kenny, Dopamine D2 receptors in addiction-like reward dysfunction and compulsive eating in obese rats. Nat Neurosci, 13: 635–641, 2010.

ー・フレーゲル教授のグループは、コカイン依存を例にして証明した(9)。

彼らは、D2受容体遺伝子の発現をコントロールするプロモーターに着目し、メチル化の程度を調べた。そして2つのことを発見した。

●プロモーターのメチル化が増加すると、D2受容体遺伝子の発現が低下する
●プロモーターのメチル化が増加すると、キューによって誘導された薬物(コカイン)への渇望、すなわち依存が強くなる

こうして、D2受容体遺伝子の発現を決めるプロモーターのメチル化によって、D2受容体の発現が減少し、これが報酬系の活動を低下させ、依存が強化されることが証明された。薬物依存にも過食にもエピジェネティクスがかかわっているのである。

たとえば、肥満者の脳の報酬系は、食べ物を摂取したときの活動が痩せた人にくらべ、低下している。報酬系の働きが低下すると、食べても満足できないのである。肥満者は満足感を得るために、脂肪分と糖分の多い、いわゆる美味しいものをさらに摂取するようになる。

コカイン依存者の脳内でD2受容体遺伝子の発現が著しく低下している理由を考えてみよう。コカイン依存者の脳内では辺縁系でドーパミンが大量に放出され、快感が発生する。D2受容体が過剰に刺激され、脳が過剰に興奮することで問題が発生する。過剰な興奮は神経細胞にダメージを与えるのだ。そこで脳は過剰な興奮を抑えるため、D2受容体を減少させて適応しようとする。

エピジェネティクス的なダイエットのコツ

体重が増える理由のひとつは、脂肪と糖分に富んだ食べ物がほぼ無制限に手に入ることである。たとえば、菓子パン、パフェ、ラーメン、ピザ、フレンチフライ、ラテ。これらを常食すれば脳内のD2受容体遺伝子の発現が低下する。そして、もっと美味しい食べ物

(9) SB. Flagel et al., Genetic background and epigenetic modifications in the core of the nucleus accumbens predict addiction-like behavior in a rat model. PNAS, 17 May 2016.

を強迫的に求めるようになる。

加えて、これら飲食物のロゴや写真が私たちに食べ物を求めるように誘導するからである。脂肪と糖分に富んだ食べ物がいつでも手に入り、しかもこれらのロゴはいたるところに存在する。これが、私たちを取り囲む食事環境であり、私たちはいつ食べ物依存症になっても不思議ではない状況にある。

だが、必ずしも、食べ物依存症になるとは限らない。個人は異なる報酬系をもっている。これは、今の特殊な食事環境にさらされる前に存在する生得のものである。

カフェインをコントロールするはずが、店の看板やロゴを見るとくじけてしまい、このキューが1杯のコーヒーを求めるように密かにあなたを誘導する。しかし、私たちは、この事実を知った。

キューと報酬を分断する、あるいは自分をコントロールすれば、渇望を引き起こさずにすむ。今度、食べ物の看板を見たら、強い心をもって「余分な食べ物を食べるな」「欲望に抵抗せよ」という、より高レベルの認知シグナルを報酬系に送ることができるだろう。

第5章

エピジェネティクスとうつ

国民病となったうつ

ストレスがきっかけで、めげたり、へこんだり、落ち込んだりすることがある。心（感情や気分）の落ち込んだ状態を「うつ」と呼んでいる。うつは、人生のさまざまな出来事に対する私たちの心の自然な応答である。

日常生活における気分の多少の落ち込みは病気ではない。気分が落ち込む原因が明らかであり、それさえ取り除けば、回復するからだ。しかし、原因を取り除いても回復しないこともある。このケースは、心の病としての「うつ病」が疑われる。「うつ」は心の状態をいい、「うつ病」は病名である。

うつは、強い悲しみ、失望感のために、喜びが感じられず、意欲が低下し、あらゆることに興味や関心がもてなくなって無気力になる心の状態をいう。うつは、元気不足、心と体のエネルギー不足の状態なのである。

どれだけの人がうつに苦しんでいるのか。アメリカの調査では、人生のある時期に、うつに苦しんだ経験のある人は7・1%、その内訳は男性5・3%、女性8・7%、と報告されている。[1] この半数はうつを2度かそれ以上経験している。だが、うつはアメリカだけの問題ではない。

厚生労働省は、日本におけるうつの生涯有病率を3～16%と公表している。[2] また、2017年に同省が発表した統計によると、うつ（気分障害としてカウントされ、この中には躁うつも含まれる）による精神科の受診者数は年間127万6000人となっている。[3]

しかし、この数値は精神科で治療を受けている人だけを数えたものであって、精神科を受診していない人を含めると300万～500万人の患者がいるといわれる。要するに、うつは現代日本の「国民病」となっている。

うつになると、自分は何をやってもうまくいかないなどと、非現実的なことを考える傾向が出てくる。このネガティブな感情が、うつの特徴なのである。この感情に心が支配さ

（1）https://www.nimh.nih.gov/health/statistics/major-depression.shtml
（2）厚生労働省　知ることから始めよう　みんなのメンタルヘルス　https://www.mhlw.go.jp/kokoro/speciality/data.html
（3）同右。

れると次第に物悲しくなってくる。生きている喜びが感じられなくなる。やる気がなくなる。無気力になり、あらゆることに興味がもてなくなる。本来の能力を発揮できずに、人生の貴重な時間を浪費する。気の毒としかいいようがない。

うつは人々を衰弱させる病気でありながら頻繁に発生するため、世界でもっとも多くの人々を苦しめる病のひとつとなっている。多くのうつ患者は治療を受けている。抗うつ薬の服用や心理療法によってうつ症状は改善するが、完治するのは半数以下であることから、より効果的な治療法の探索が続けられている。

うつの原因となる単一の遺伝子は見つかっていない

うつ患者の多い家系が存在することから、うつは遺伝に関係していることは明らかである。親と子がうつ病にかかる罹患率は、対照群とくらべて3倍程度である。遺伝子がまったく同じとされる一卵性双生児の人がうつを発症すると、他方がうつになる確率は約40%で、遺伝子の半分が同じ二卵性双生児ではその半分の約20%ほどである。

このため、かつて多くの科学者はうつの発症に遺伝子がかかわっているに違いない、だから、きっと原因となる遺伝子があるはずだ、と考えていた。

この考えにもとづいて世界中の科学者たちは、うつの原因遺伝子の探索を精力的に行なったが、ぜんぜん見つからなかった。遺伝子を発見する道具も高度に発達したこともあり、とうとう全ゲノムまで丹念に調べたが、それでも２０２１年2月現在、うつの原因となる遺伝子をひとつも発見できていない。このため、うつを発症させる単一の遺伝子は存在しないと結論づけられている。(4)

単一の遺伝子がうつを起こさないのなら、何がうつを起こすのか。新しい、より合理的と思える考え方は、単一ではうつを起こさない複数の遺伝子が、一緒になることで、うつになりやすい傾向を示す、というもの。

うつになりやすい傾向の人が、強いストレス環境に置かれることによってうつを発症すると理解できる。同じストレスでも、強く感じる人もいれば、そうでない人もいる。たと

（4）S. Ripke et al., A mega-analysis of genome-wide association studies for major depressive disorder. Molecular Psychiatry, 18: 497–511, 2013.

えば、昇進を喜ぶ人もいれば、責任が重くなったと辛く感じる人もいる。前者は「ストレス感受性」の低い人、後者は「ストレス感受性」の高い人といえよう。

うつは「ストレス感受性」と「ストレス」の相互作用によって発症する。「ストレス感受性」は、「ストレス脆弱性《ぜいじゃくせい》」と言い換えることもできる。

うつを引き起こすストレス

誰でもストレスを受けているが、ある人は気分が落ち込み、別の人はそれほど落ち込まない。ストレス感受性の高い人（ストレス脆弱性の人）は、うつ予備軍のような人である。一方、ストレス感受性の低い人もいる。ストレス感受性には個人差がある。しかも個人差の幅はかなり広い（図表5−1）。

ストレス感受性の高い人はわずかなストレスを受けても、うつを発症するが、ストレス感受性の低い人（抵抗性の高い人）は、それに耐えることができる。だが、ストレス感受性の低い人でも非常に強いストレスを受ければうつを発症する。

図表5-1　うつ病を起こすストレス

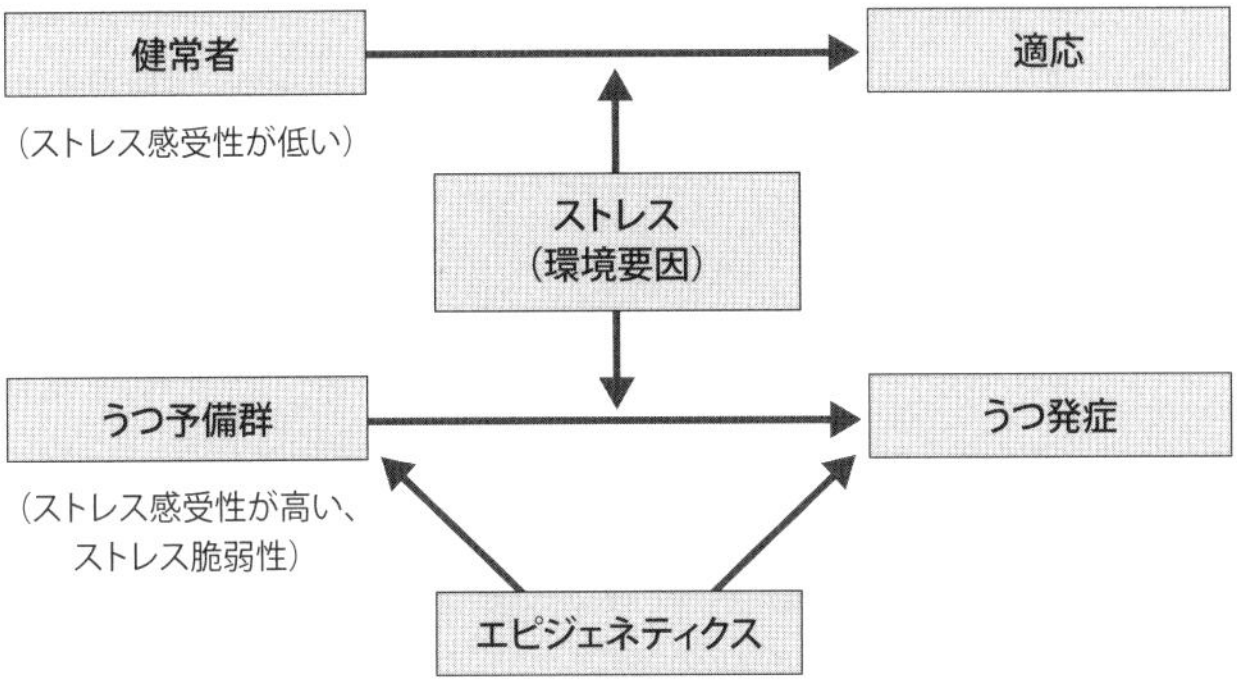

うつを引き起こす最大の危険因子は、ストレスである。ストレスにあふれた現代社会に生きている私たちは、うつになりやすい環境で生きている。

うつを発症するかどうかを左右するのはストレス感受性であり、これに遺伝子が影響することは確かであるが、発症するかどうかは、遺伝子だけでは決まらない。ポイントは、どの遺伝子が細胞で使われるかである。遺伝子のオンとオフをコントロールするエピジェネティクスが、ストレス感受性に多大な影響を及ぼすのである。

抗うつ薬の謎

うつはどんなしくみで発生するのか。いくつかの仮説が提唱されているが、今のところ不明である。本書では、もっとも有力とされる「ストレス説」と「ＢＤＮＦ説」を取り上げるが、その前に、現在、わが国で治療にほぼ必ずといっていいほど処方されている抗うつ薬について簡単に述べておきたい。

脳内には１００種類を超える伝達物質が存在する。これらの伝達物質がひとつの神経細胞から放出され、もうひとつの神経細胞に受け取られることによって、情報が伝わる。気分、やる気に関係が深い伝達物質の代表は、セロトニン、ノルアドレナリン、ドーパミンといったモノアミン類である。モノアミン類の不足がうつを引き起こす、という主張がある。要するに、モノアミン類が不足すると気分が落ち込むことでうつになり、抗うつ薬はこれらを増やすことによって効果を発揮する、というもので、「モノアミン仮説」と呼ばれる。

モノアミン仮説は、次のような観察結果をうまく説明する。ひとつの神経細胞から放出されたモノアミン類を取り込み、不活性化するタンパク質がある。このタンパク質が働くと、脳内でモノアミン類が不足することになり、うつになる。一方、このタンパク質の働きを抑えると、脳が興奮し、うつが改善する。

実際に、抗うつ薬として長く使われてきた三環系抗うつ薬は、脳内のセロトニン、ノルアドレナリン、ドーパミンを増やすことで効果をあらわすと説明される。だが、三環系抗うつ薬には、口が乾く、尿が出にくくなる、眼がぼやけるなどの副作用がとても強く、当然、患者に嫌われていた。この副作用は三環系抗うつ薬がアセチルコリンの受容体に結合し、その働きを妨げることによって生じる。これを抗コリン作用という。

副作用をなくすには、抗コリン作用をなくせばよい。そこで、アセチルコリンの受容体には結合せず、セロトニンを取り込んで不活性化するタンパク質の働きだけを抑えるSSRI（選択的セロトニン再取り込み阻害薬）が開発された。なお、SSRIは、ノルアドレナリンとドーパミンを取り込み不活性化するタンパク質には作用しない。

こうして三環系抗うつ薬の副作用をなくしたSSRIが発売され、日本を含む世界中で大ヒットした。SSRIが治療に頻繁に使われるにつれ、うつはセロトニン不足によって生じる、と説明されるまでになった。これが「セロトニン仮説」である。

だが、話はそう簡単ではない。長年にわたる大いなる疑問がある。抗うつ薬を服用して数時間後には脳内でセロトニンは増えているが、抗うつ薬の効果があらわれ始めるまで、少なくとも数週間かかるのは、なぜなのか。

じつに、動物実験では抗うつ薬を注射して1時間後には脳内のセロトニンは増えている。セロトニンが感情をつかさどる伝達物質であり、これが不足するとうつになり、増えると治るというのなら、抗うつ薬を飲んで数時間後には改善していいはずである。

なぜ、抗うつ薬が効くのにこれほど長い時間がかかるのか。長い時間がかかるということから、エピジェネティクスがかかわっている可能性が高い。

うつになると脳が変わる

心は脳の働きによって生じる。うつになって心が沈むとき、これに対応するように脳の

図表5-2　うつが発症することで変化が観察された脳の領域

変化の観察された脳の領域	変化	影響
海馬の体積	縮小	記憶力が低下する
前頭前野の体積	縮小	思考力・判断力が低下する
前頭前野と扁桃体の代謝	促進	あれこれ考え続ける、不安になる
側坐核の活動	低下	快感が得にくくなる

変化が確認されている。亡くなったうつ患者の脳や、生きているうつ患者の脳の画像研究が行なわれてきた。これらの研究で明らかになったことは、脳のいくつもの箇所で変化が見られること、しかも、変化の度合いには違いがあることである。この病気が複雑であること、そして個人差が大きいことも理解できる。

変化が見られた脳の領域は、認知をつかさどる前頭前野、記憶の要である海馬、辺縁系にあって感情にかかわる扁桃体、そして報酬系をつかさどる側坐核である。脳に起こった変化と影響をまとめた（図表5－2）。

うつになると記憶力、思考力・判断力が低下することが知られているが、この原因のひとつとして、海馬と前頭前野の体積が縮小することがあげられる。それでいて、うつになると自分の能力で解決することのできないことをあれこれ考え続ける。いくら考えても解決できないから不安になり、眠れない。これだから、うつになると、前頭前野と扁桃体の代謝が促進するというのも、うなずける。

また、うつになると、それまで好んでいた行動、たとえば、マウスでは砂糖水を飲む、ヒトでは趣味の庭いじりや散歩といった行動をしなくなるのは、こういった報酬系の刺激に対して快感物質ドーパミンを放出する側坐核の活動が低下しているからと理解できる。うつ患者の脳では、報酬系の活動が低下している。同じことは第4章で述べた、過食者や薬物依存者の脳内でも起こっている。

遺伝子レベルでもそうなっているのか。これを調べるには、まず、うつマウスを作製しなければならない。

うつマウスの作製

うつを研究するのにしばしば使われる動物モデルが「いじめによるうつ」で、学術的に

図表5-3　うつマウスの作製

は「社会的敗北ストレス」と呼ばれる。どんなものかを具体的に見ていこう。

凶暴なマウスと小柄なマウスを同じケージに5分間入れると、凶暴なマウスが小柄なマウスを攻撃する。10分間攻撃させると、外傷がひどくなるため短縮して5分間とする。その後、小柄なマウスを透明な仕切り板の反対側に移動させて24時間放置する。仕切り板があるため、両者は直接に接触することはできないが、対面するし、においも伝わる。

この作業を約10日間続けると、

小柄なマウスは不安になり、従順に振る舞うようになる。そして小柄なマウスはチューチュー鳴き、縮こまり、ケージから出て行こうとさえする。小柄なマウスの行動を観察すると、まったく動かず、不安に怯えるばかりか、かつて楽しんでいたセックスや砂糖水への興味さえ失っていた。まるで敗北者のような振る舞いである（図表5−3）。

これが、「社会的敗北ストレス」によってマウスに生じたうつであり、ヒトのうつ症状とよく似ている。すなわち、喜びが感じられず、意欲が低下し、あらゆることに興味や関心がもてなくなって無気力になる。これで、うつマウスが作製された。

作製されたうつマウスは、本当にうつなのか。これを確かめるために、うつマウスにヒトに広く使われているイミプラミン（商品名トフラニール）やフルオキセチン（商品名プロザック）などの抗うつ薬を与えたところ、うつ症状が改善した。このマウスは「うつ」である。これで、うつマウスを使って実験を行なう準備が整った。

うつの脳では報酬系の遺伝子がオフ

うつになると、本来、楽しいはずのことをしても楽しく感じることができない。快感が不足している。それは、辺縁系にある報酬系の側坐核の活動が低下し、ドーパミンの放出が不十分であるからだ。

そこで、**うつマウスの側坐核のドーパミン遺伝子を調べたところ、ヒストン修飾が起こり、ヒストンのアセチル基が減少していた。言い換えると、ヒストンの脱アセチル化が進行していた。しかも脱アセチル化を引き起こすヒストン脱アセチル化酵素（ＨＤＡＣ）の生産も増えていた。**

すなわち、社会的敗北ストレスという慢性ストレスを受けることによって、うつになったマウスの報酬系では、ヒストンの脱アセチル化が進行していた。これによってクロマチンが凝縮し、ＤＮＡからｍＲＮＡへの転写が進まず、遺伝子発現がオフになっていたのである。

分子的には、ＨＤＡＣという酵素が側坐核のドーパミン遺伝子のそばのヒストンからアセチル基を取り除いただけのことであり、たったこれだけのことで、うつが発生した、とは驚きである。

これが本当かどうかを確認するには、うつマウスの側坐核にＨＤＡＣの働きを妨げる物質（ＨＤＡＣ阻害薬）を注射して、マウスの様子を観察すればいい。

ドーパミン遺伝子オンでうつが改善

実際に、うつマウスの側坐核にＨＤＡＣ阻害薬であるＭＳ－２７５（エンチノスタット）を注射したところ、うつ症状は劇的に改善した。ＨＤＡＣ阻害薬がヒストンのアセチル化を進め、脳の報酬系のドーパミン遺伝子をオンにし、うつ症状を改善したのである。

このことから、うつは、動物が快感を得る脳の領域である報酬系を活性化するのに欠かせない遺伝子の働きを抑制することによって生じることが確認できた。こういったストレスによって引き起こされた脳の変化は、うつマウスに抗うつ薬を与えることによってヒストンにアセチル基をくっつけ、報酬系を活性化することによって元の状態に戻すことができた。

しかも、**報酬系の遺伝子がオフになるというエピジェネティクスは、うつマウスだけでなく、亡くなったうつ患者の脳でも確認されている。**

HDAC阻害薬の可能性

HDAC阻害薬はうつを改善するのに使えるかもしれない。HDAC阻害薬はMS−275のほかに酪酸《らくさん》、バルプロ酸、トリコスタチンA（TSA）、スベロイラニリド・ハイドロザミック酸（SAHA）、トラポキシンAなどがある。

酪酸はバターから得られたので、ラテン語でバターを意味する「butyrum」から、酪酸「butyric acid」と呼ばれるようになった。酪酸は植物にも含まれ、銀杏《ぎんなん》の異臭の原因となっている。以前から培養した細胞に酪酸を加えると、ヒストンがアセチル化されることが知られていた。

要するに、酪酸はヒストンからアセチル基を取り除くHDACの働きを妨げることによって、ヒストンをアセチル化された状態に保つのである。それなら、酪酸をうつの改善を目的に使えるのか。

無理に思える。酪酸はとても小さな分子であるから、多くの種類の分子と化学反応を起こす。このため、酪酸が体内に入ると、細胞に存在する多種類の分子と反応し、副作用を含め、さまざまな効果をあらわす。したがって酪酸に薬としての使い道は低い。人の治療薬として使用するには、特定の種類の分子とのみ反応するHDAC阻害薬を発見するか、設計しなければならない。

幼少期のマルトリートメントがうつを誘引する

うつを引き起こす要因としてさまざまなストレスが網羅的に調査された。そして意外なことが判明した。ささいと思える出来事の積み重ねが重要だというのだ。たとえば、近所の人があいさつしない。新しい上司は気難しい性格で、言葉の端々にトゲがある。町内会で役員をやらされるなどである。これを「心理社会的なストレス」と呼んでいる。「心理社会的なストレス」は、自分にとって日常的に起こり得るイヤなこと。1つひとつはささいな出来事に思えるが、これが積み重なることで大きなストレスとなって私たちに襲いかかり、ある日、突然、うつを発症させるのである。

それから、疫学研究によって子どものころに受けた虐待がうつの重大な危険因子になることが明らかになっている。[5] 具体的には、幼少期にいじめ、性的虐待、ネグレクトなどのマルトリートメントを受けた経験のある人は、そうでない人にくらべ、うつを発症しやすいことが報告されている。[6]

マルトリートメントは、幼少期の不遇な体験と言い換えてもいい。要するに、**マルトリートメントは、幼いころの養育環境が芳しくない、「低養育環境」にあったということ**である。疫学研究で明らかになったのは、**マルトリートメントという「低養育環境」が大人**

（5）疫学研究とは、地域や特定の人間集団を対象にして病気の発生状況などの頻度を調査し、その要因を明らかにする学問で、医学研究の基礎中の基礎である。

（6）A. Bifulco et al., Early sexual abuse and clinical depression in adult life. The British Journal of Psychiatry, 159: 115–122, 1991.

になってからのうつを発症する危険因子になっていることである。

同じことが動物実験でも確認されている。[7] ラットも幼少期に母からのケアが不足すると、うつを発症する（後述）。大人になってからうつを引き起こす主な要因が「心理社会的なストレス」であり、その代表が幼少期のマルトリートメントなのである。

うつ患者はコルチゾールレベルが高い

マルトリートメントという強力なストレスによって、ヒト脳にどんな変化が起こるのか。ヒトやマウスを使った実験でほぼ共通して報告されている変化は、左右の腎臓の上にある副腎から大量のコルチゾールというステロイドホルモンが放出され続けることである。

過剰なコルチゾールが体中を流れることによって気分が落ち込み、免疫力が低下する。こうしてうつになったり、カゼやインフルエンザなどの感染症やがんにかかりやすくなる。実際に、うつ患者の血中や尿中のコルチゾール値を測定すると高い値が検出されることが知られている。

また、コルチゾールは脳の神経細胞を殺すことから、うつになると前頭前野や海馬の体積が縮小するという事実もうまく説明できる。うつは、海馬が縮小することで起こるアルツハイマー病の危険因子にもなっている。

病気を引き起こす原因は積み重なったストレスであり、このときの分子的な主役がコルチゾールなのである。では、コルチゾールは悪者なのか。決してそうではない。コルチゾールがあるおかげで私たちは健康な毎日を送ることができるのである。

コルチゾールは善なのか、それとも悪なのか？　ストレスを受けたときの生体の反応を見ていこう。

（7）K. Erabi et al., Neonatal isolation changes the expression of IGF-IR and IGFBP-2 in the hippocampus in response to adulthood restraint stress. International Journal of Neuropsychopharmacology, 10(3): 369–381, 2007.

命を守るストレス反応

私たちがストレスを受けるとき、脳は2種類の反応を示す。ひとつめは迅速に対応する自律神経系の反応で、アドレナリンが放出され、交感神経が興奮する。具体的には、脳がストレスを受けるやいなや、100分の1秒以内に扁桃体がアドレナリンを放出し、それが交感神経を通じて副腎を刺激し、アドレナリンを血液中に送り込むのである。

アドレナリンは交感神経を興奮させ、瞬時に生理的な変化を引き起こす。まず、心拍数を上げ、大量の血液を脳と筋肉に送る。酸素をいっぱい受け取った筋肉は、迅速な動きができる。また、気管支が拡張することで酸素が大量に肺に取り込まれ、脳と筋肉を中心に配られる。通常より多くの酸素を受け取った脳は、冴えわたり、注意力が高まる。

交感神経の興奮は、私たちが危険にさらされるとき、要するに、ストレスに襲われるときに起こる。恐れをともない、「闘争か逃走か」といった両極端な行動のどちらかが選ばれることになる。

たとえば、街灯の少ない暗い山の夜道をひとりで歩いているとき、目の前に熊があらわれたら、私たちは恐怖を感じて逃げるか、立ち向かう。この両極端な行動のどちらかを選択しなければならないのが、交感神経の興奮という状態なのである。

ストレスから身を守る「視床下部―脳下垂体―副腎」軸の働き

ストレスに対する脳の反応の2つめは、ひとつめの瞬時の反応にくらべ、ゆっくりしたものだ。この反応の主役はコルチゾールである。

コルチゾールは、「視床下部―脳下垂体―副腎」軸（HPA軸、またはストレス軸）の活性化を通した一連のホルモンの流れによって放出される。この反応はコルチゾールが血液の流れによって全身の組織に伝わるので、時間がかかる。ストレスによって引き起こされる病気が慢性のものであるのは、これが理由のひとつである。HPA軸をコントロールする源は、記憶をつかさどる海馬である。脳がストレスのコントロールに深くかかわっているのは、納得できる。

図表5-4　「視床下部－脳下垂体－副腎」軸とコルチゾールによるネガティブフィードバック

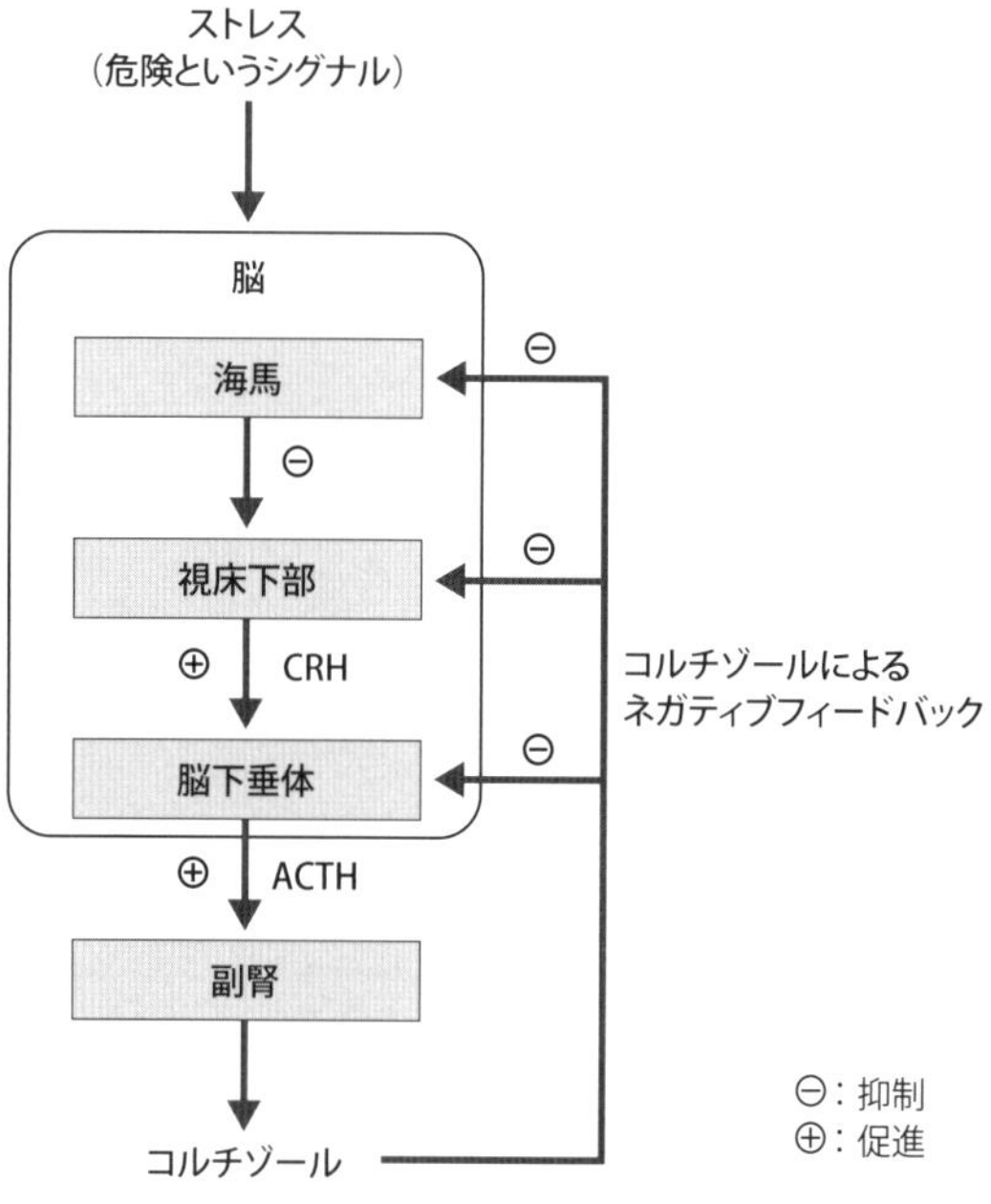

では、HPA軸がストレスに対してどのように反応するかを見ていこう（図表5－4）。

まず、脳が環境から危険というシグナル（これがストレスである）を受け取ると、視床下部がCRH（副腎皮質刺激ホルモン放出因子）というホルモンを放出する。視床下部は、体温、渇き、空腹感、満腹感など、ヒトの本能的な欲望を発生させる根源であると同時に、危険を感じたときに命を守るために最初に反応する脳の領域でもある。CRHを受け取った脳下垂体が興奮し、ACTH（副腎皮質刺激ホルモン）を放出する。ACTHが血液の流れに乗って遠く離れた副腎に届く。

こうして副腎が刺激され、コルチゾールが放出される。コルチゾールは血液の流れによって全身に届き、とりわけ、脳や免疫系の働きを高めることによって私たちの命を守っている。これが、コルチゾールのよい面である。

HPA軸の過剰な活性化を防ぐ「ネガティブフィードバック」

しかしストレスが長く続くと、それまで私たちの命を守ってきたコルチゾールが悪さをするようになる。これが「慢性ストレス」という状態で、HPA軸が過剰に活性化された状態でもあり、コルチゾール値が常に高くなっている。コルチゾールの放出によって、それまで好調だった脳や免疫系の働きは、一転して低下する。こうして、うつ、不安、依存症だけでなく、心臓病、高血圧、胃潰瘍、糖尿病、がんなどの慢性病にかかりやすくなる。

HPA軸が適度に活性化することによって私たちは健康な毎日を送っているが、HPA軸が過剰に活性化すると病気になりやすくなる。私たちの健康を左右する根本は、HPA軸の適度な活性化なのである。

だから、ストレスに対してHPA軸を過剰に活性化させずに、コルチゾール値を適度に保つ賢いしくみが存在する。そのしくみが、「ネガティブフィードバック」である。

すなわち、副腎から放出されたコルチゾールは人体のあらゆる箇所に届き、脳の海馬、視床下部、脳下垂体に入り、それぞれの箇所に存在するコルチゾール受容体（正式にはグルココルチコイド受容体といい学術論文ではGRと表記することが多いが、本書ではGR遺伝子と区別するためにGRタンパク質と表記する）に結合し、コルチゾールの放出にブレーキをかける。ネガティブフィードバックによってコルチゾール値をふつうのレベルに戻すのである。

ストレスに対抗する海馬

海馬は「ネガティブフィードバック」を使い、HPA軸全体をコントロールする。具体的には、海馬に存在するGRタンパク質がコルチゾールを受け取ると、視床下部によるCRHの生産が抑制され、これによって脳下垂体によるACTHの生産も抑制され、最終的にコルチゾールの生産も抑制される。このようにHPA軸の活性化を過剰にすることなく、適度に保つしくみであるネガティブフィードバックは、私たちをストレスから守るのに欠かせない。

もしネガティブフィードバックに障害が発生すれば、どういう結果になるか。HPA軸の活性化にブレーキがかからず、過剰な活性化が持続し、コルチゾールが放出され続ける。この結果、うつや不安、心臓病、高血圧、胃潰瘍など、いくつもの生活習慣病を招くことになる。健康のカギは、ネガティブフィードバックが正常に働くことである。

では、これが正常に働いているかどうかを調べることはできるのか？

ネガティブフィードバックは働いているか？

答えは、イエス。「デキサメサゾン抑制試験」という手段を用いれば、これがわかる。デキサメサゾンはコルチゾールの一種で、抗炎症薬として使われている。ネガティブフィードバックが正常に働いていれば、デキサメサゾンを与えるとコルチゾールの放出が抑えられる。この試験で、もしコルチゾールの放出が抑えられないと、HPA軸のネガティブフィードバックの働きが低下していると判定される。

具体的には、夜にデキサメサゾンを服用し、翌朝に血液検査でコルチゾール濃度をはかることによって判定できる。うつ患者を対象に「デキサメサゾン抑制試験」を行なうと、およそ半数の患者でコルチゾールの放出が抑えられていない。すなわち、うつ患者の半数は、ネガティブフィードバックに障害があることがわかる。

また、うつ患者や亡くなったうつ患者の脳内では、ニューロペプチドY（神経ペプチド

Y）が減少している。これもまた、HPA軸の過剰な活性化を助長する。ニューロペプチドYは、視床下部からのCRHの放出にブレーキをかける働きのあるホルモンで、HPA軸の過剰な活性化を抑制するものである。

これらの結果から、ネガティブフィードバックが正常に働かなくなると、HPA軸が過剰に活性化し、コルチゾールが過剰に放出され、うつが誘引されることがわかる。では、ネガティブフィードバックの障害はどのようにして起こるのか。

DNAメチル化によってGR遺伝子がオフ

このしくみを明らかにしたのがマギル大学の脳科学者マイケル・ミーニー教授で、彼のグループが2004年に発表したラットを使った一連の実験結果が、世界を驚かせた。(8)

（8）ICG. Weaver et al., Epigenetic programming by maternal behavior. Nat Neurosci, 7: 847–854, 2004.

ヒトの場合と同じように、ラットにも子を可愛がる母もいれば、可愛がらない母がいる。幼少期に母に可愛がられずに育った（低養育環境）子ラットは、成体になってうつになった。うつになった子ラットの海馬を調べると、GRタンパク質が減少していた。そこでGR遺伝子を調べてみると発現がオフになっていた。

どのようにしてオフになったのかを解明するために、子ラットのGR遺伝子とプロモーターを調査した。するとプロモーターにあるCG配列のシトシンが顕著にメチル化されていた。

さらに調査を進めると、養育の違いによってGR遺伝子の発現が変わることもわかってきた。ふつうに養育されたラットのケースから説明しよう。

まず、体内を流れるコルチゾール（ラットではコルチコステロン）が、海馬の細胞内に存在するGRタンパク質に結合する。これを「コルチゾール-GRタンパク質結合体」と呼ぶことにする。この結合体が核内に移動し、ゲノムのGR遺伝子のプロモーターに結合する。次に、この結合体が転写因子として働くことによって、GR遺伝子がmRNAに転写され、GRタンパク質が十分につくられる。これが、GR遺伝子の発現がオンの状態であり、ふつうに養育されたラットのケースである（図表5-5の（a））。

図表5–5　養育のしかたによってGR遺伝子の発現が変わる

(a) ふつうの養育のケース

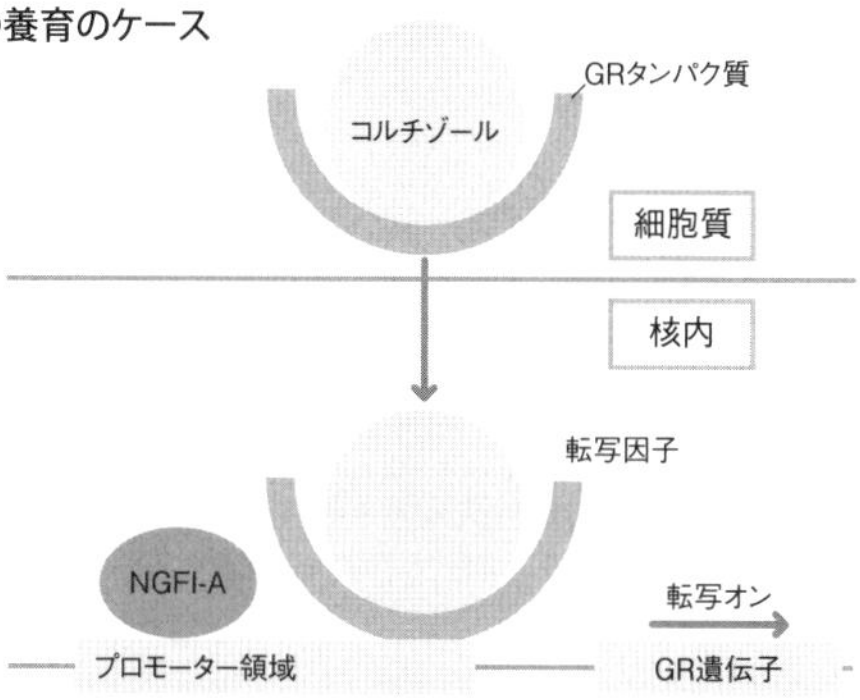

コルチゾールが、海馬のGRタンパク質に結合し、コルチゾール-GRタンパク質結合体ができる。この結合体が核内に移行し、ゲノムのGR遺伝子のプロモーター領域に結合する。この結合体が転写因子として働き、GR遺伝子発現がオンになる。子どもをさらに可愛がると、NGFI-Aという転写因子が加わり、遺伝子発現はさらにオン。

(b) 低養育のケース

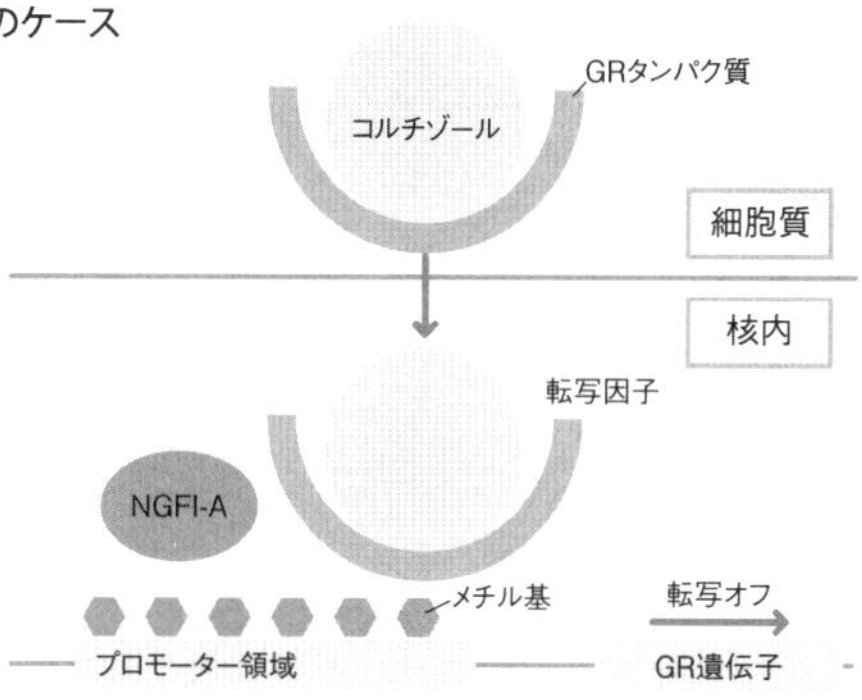

GR遺伝子のプロモーター領域におけるCG配列が高度にメチル化されている。このため、転写因子がプロモーター領域に結合できない。これでGR遺伝子の転写が止まる。GR遺伝子発現はオフ。

母が子をもっと可愛がるとボーナス効果あり

それなら、**母が子をふつうよりもっと可愛がるとどうなるかというと、ボーナス効果が期待できる**。母ラットがふつうより面倒見がいいと（高養育環境）、子ラットのゲノムのプロモーターにNGFI-A（神経成長因子誘導タンパク質A）という転写因子が結合し、GR遺伝子の発現をさらに高める。このため、母が子をしっかり可愛がると子ラットのHPA軸におけるネガティブフィードバックはさらによく機能する。

一方、可愛がられずに育った子ラットの海馬では、GR遺伝子のプロモーターにおけるCG配列のシトシンが顕著にメチル化されていた。高メチル化のため、転写因子がプロモーターに結合できなくなっていた（図表5-5の（b））。これでGR遺伝子のmRNAへの転写は止まり、遺伝子発現はオフとなった。そうなれば、GRタンパク質がつくられないため、HPA軸のネガティブフィードバックが効かなくなり、HPA軸が過剰に活性化する。しかもこのGRタンパク質の生産低下は一時的なものではなく、長く続く。

加えて、可愛がられずに育った子ラットの海馬では、ＧＲ遺伝子のプロモーターにおけるヒストンのアセチル化が低下していることも確認されている。ＤＮＡメチル化に加え、ヒストンの脱アセチル化もまたＧＲ遺伝子の発現をオフにする。

この結果、可愛がられずに育った子ラットは、ＧＲタンパク質の生産が減り、ネガティブフィードバックが効かず、ＨＰＡ軸が過剰に活性化する。こうしてストレスへの脆弱性を生涯にわたって負うことになる。

ラットのケースと同じことがヒトでもいえるのか。自殺者の脳を分析したところ、生前、虐待を受けていた人は、海馬におけるＧＲタンパク質の生産が低く、そのうえＤＮＡに高メチル化が起こっていることが報告されている。[9]

動物でもヒトでも、幼少期の低養育環境によってＤＮＡメチル化が増加し、ヒストンの脱アセチル化が促進するのだ。このエピジェネティクスによるストレス感受性の高さ（ストレスへの脆弱性）は、長く続くことがわかる。

（9）PO. McGowan et al., Epigenetic regulation of the glucocorticoid receptor in human brain associates with childhood abuse. Nat Neurosci, 12: 342–348, 2009.

うつのカギを握るか、BDNF

ここまでは、うつは「ストレス感受性」と「ストレス」の相互作用によって発症するとして話を進めてきた。これとは別に、うつは脳内におけるBDNF（脳由来神経栄養因子）の低下による、という仮説が提出されている（図表5‐6）。この仮説は魅力的であり、有力でもあるので紹介する。

BDNFはいくつかある脳の成長因子の中でもっとも重要なもので、活動する神経細胞から放出され、相手の神経細胞の突起を伸ばし、神経細胞と神経細胞の間にシナプスを形成するのを助長するホルモンである。

この仮説は、次の4つの事実によって支持されている。

ひとつめは、動物を動けなくする拘束ストレスをはじめ、さまざまなストレスを動物に与えると、海馬や大脳皮質でBDNFが低下していた。

2つめは、亡くなったうつ患者の脳を調べたところ、海馬でBDNFが低下していた。

図表5-6　脳内のBDNFが不足することでうつが起こるというBDNF仮説

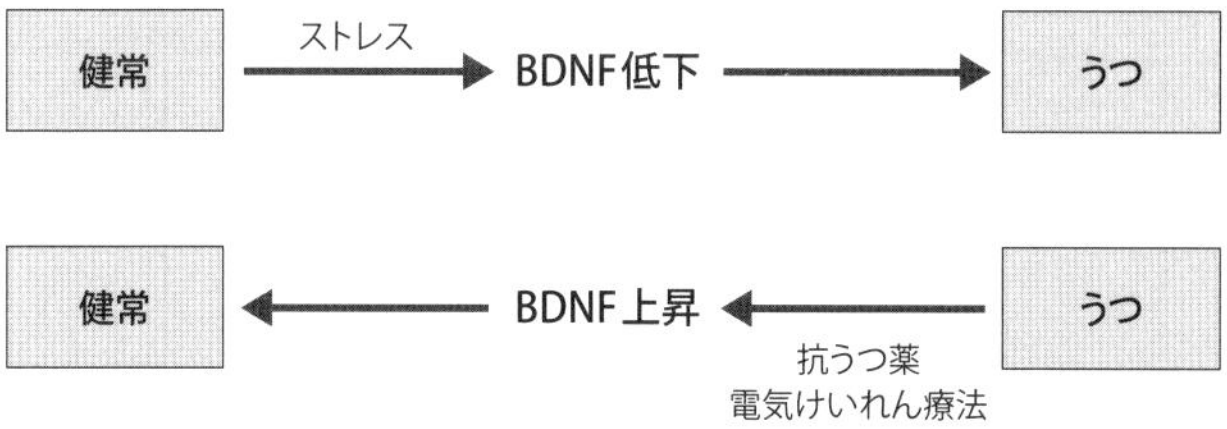

また、うつ患者の血液中のＢＤＮＦも健常者にくらべ、低下していた。うつ患者の海馬が縮小していることはすでに述べたが、こうなったのはコルチゾールの放出だけでなく、ＢＤＮＦが不足したために、海馬の神経細胞が十分に成長できなかった結果と理解できる。

３つめは、うつ患者やうつの動物モデルに抗うつ薬を与えたり、うつを改善するもっとも有効な手段である電気けいれん療法を行なうと、うつは改善するが、このとき海馬のＢＤＮＦも増えていた。

４つめは、ノックアウトマウスを使った実験によるもので、ＢＤＮＦが存在しなければ、うつは改善しないことが明らかになった。すなわち、遺伝子工学の技術を用いてＢＤＮＦ遺伝子の働きをオフにしたマウスを作製した。このマウスをうつにし、抗うつ薬を与えても症状の改善は見られなかった。

この4つの事実、そして抗うつ薬がセロトニンの活動を増やすことから、抗うつ薬は脳内におけるセロトニンの活動を高めることにより、BDNFを増やし、神経細胞の突起を伸ばすことで効果をあらわす、と推測される。また、別の研究では、ストレスを与えると、放出されるコルチゾールによって神経細胞の突起が縮むことも確認されている。

このような結果が蓄積されるにつれ、うつになると脳内の神経細胞の突起が縮み、一方、抗うつ薬によって突起が伸びると治る、と考えられるようになった。そして2012年、イエール大学のロナルド・デュマン教授は、うつはBDNFの低下によって起こるという仮説を提出した。[10] この仮説は、うつ患者の血液中のBDNFは健常者にくらべて低いが、抗うつ薬を服用すると症状が改善すると同時に、低かったBDNFが回復するという報告によっても支持される。[11]

残念なことに、2020年2月2日、デュマン教授は自宅近くを散歩中に心臓麻痺で亡くなった。享年65歳。同教授は、ストレスの脳への影響についての研究で新境地を開拓し、うつが発生するしくみ、抗うつ薬による治療研究のパイオニアである。彼は300をはるかに超える原著論文を残し、キャリアの全盛期に命を終えた。冥福を祈る。

うつラットに生じたエピジェネティクス

うつが脳内のＢＤＮＦの不足によって起こり、しかもＢＤＮＦ遺伝子の発現はエピジェネティクスによってコントロールされている。このことを示した最初の研究は、アイカーン医科大学のエリック・ネスラー教授のグループによるものだ[12]。

まず、先に紹介した「社会的敗北ストレス」によって、うつラットを作製した。このう

(10) RS. Duman, and L. Nanxin., A neurotrophic hypothesis of depression: role of synaptogenesis in the actions of NMDA receptor antagonists. Philos Trans R Soc Lond B Biol Sci: 2475–2484, 2012.

(11) A. Brunoni et al. A systematic review and meta-analysis of clinical studies on major depression and BDNF levels: implications for the role of neuroplasticity in depression. Int J Neuropsychopharmacology, 11: 1169–1180, 2008.

(12) NM. Tsankova et al., Histone modifications at gene promoter regions in rat hippocampus after acute and chronic electroconvulsive seizures. J Neuroscience, 24: 5603–5610, 2004.

つラットの脳内ではＢＤＮＦが不足していた。そこで、このうつラットに電気けいれん療法を行なったところ、うつが改善し、海馬のＢＤＮＦが増えた。

脳内の遺伝子にどんな変化があるのか。そこで、ＢＤＮＦ遺伝子のプロモーターを調べたところ、ヒストンが顕著にアセチル化されていた。電気けいれん療法がヒストンのアセチル化を促し、クロマチンが非凝縮型になることで、ＢＤＮＦ遺伝子の発現がオンになり、ＢＤＮＦが大量につくられたのである。

この報告を読んだある脳科学者は、うつに対する心理療法でも同じ効果があるかと期待を寄せたが、それを証明する手段、すなわち、齧歯類に効果的な対話術を開発した者がまだいないのが残念なところである。

抗うつ薬がエピジェネティクスを引き起こす

うつになった動物の海馬においてＢＤＮＦ遺伝子は、どうなっているのか。彼らは、うつマウスを採用した[13]。まず、「社会的敗北ストレス」によって、うつマウスを作製した。このうつマウスの海馬から細胞を採取し、ＢＤＮＦ遺伝子のプロモーターを調べた。するとうつマウスは、ふつうのマウスにくらべ、ヒストンのメチル化が顕著に増えていた。ヒストンのメチル化はクロマチンを凝縮させ、遺伝子をオフにする傾向がある。いじめられたことでＢＤＮＦ遺伝子のプロモーターのヒストンに顕著なメチル化が起こり、ＢＤＮＦ遺伝子の発現がオフになったのである。この結果、脳内でＢＤＮＦの生産が低下し、うつになったと理解できる。

ひとつ面白い発見があった。うつマウスに抗うつ薬のイミプラミン（商品名トフラニール）を毎日１カ月間与えたところ、ＢＤＮＦの生産が増加し、うつが改善したのである。しかもＢＤＮＦ遺伝子のプロモーターのヒストンは、顕著にアセチル化されていた。ヒストンのアセチル化は遺伝子をオンにする。すなわち、うつマウスに抗うつ薬を与えるとヒストンがアセチル化され、ＢＤＮＦ遺伝子がオンになり、ＢＤＮＦの生産が増加したので

(13) NM. Tsankova et al. Sustained hippocampal chromatin regulation in a mouse model of depression and antidepressant action. Nat Neurosci: 519–525, 2006.

ある。

また、ヒストンが顕著にアセチル化されたのは、イミプラミンによってヒストン脱アセチル化酵素が大幅に減少していたからなのか。この仮説を調べるため、遺伝子工学の技術を使い、ヒストン脱アセチル化酵素を過剰に発現させたところ、イミプラミンによる抗うつ効果は完全に消えてしまった。これで、イミプラミンがヒストン脱アセチル化酵素を大幅に減少させたことが判明した。

ここまでをまとめると、いじめによってヒストンがメチル化され、BDNF遺伝子の発現がオフになり、BDNFの生産が低下して、うつが生じる。対照的に、抗うつ薬を服用すると、ヒストンがアセチル化され、BDNF遺伝子がオンになり、BDNF生産が増加し、うつが改善する。

図表5−7を説明しよう。「(a) ヒストンのメチル化」によって、ヒストンがメチル化されると、クロマチンが凝縮し、遺伝子発現はオフになることが多い。たとえば、うつマウスの海馬のBDNF遺伝子発現はオフになっている。

「(b) DNAメチル化」によって、遺伝子のプロモーターにメチル化が起こると、遺伝

図表5-7　ストレスや抗うつ薬の効果はエピジェネティクスを通してあらわれる

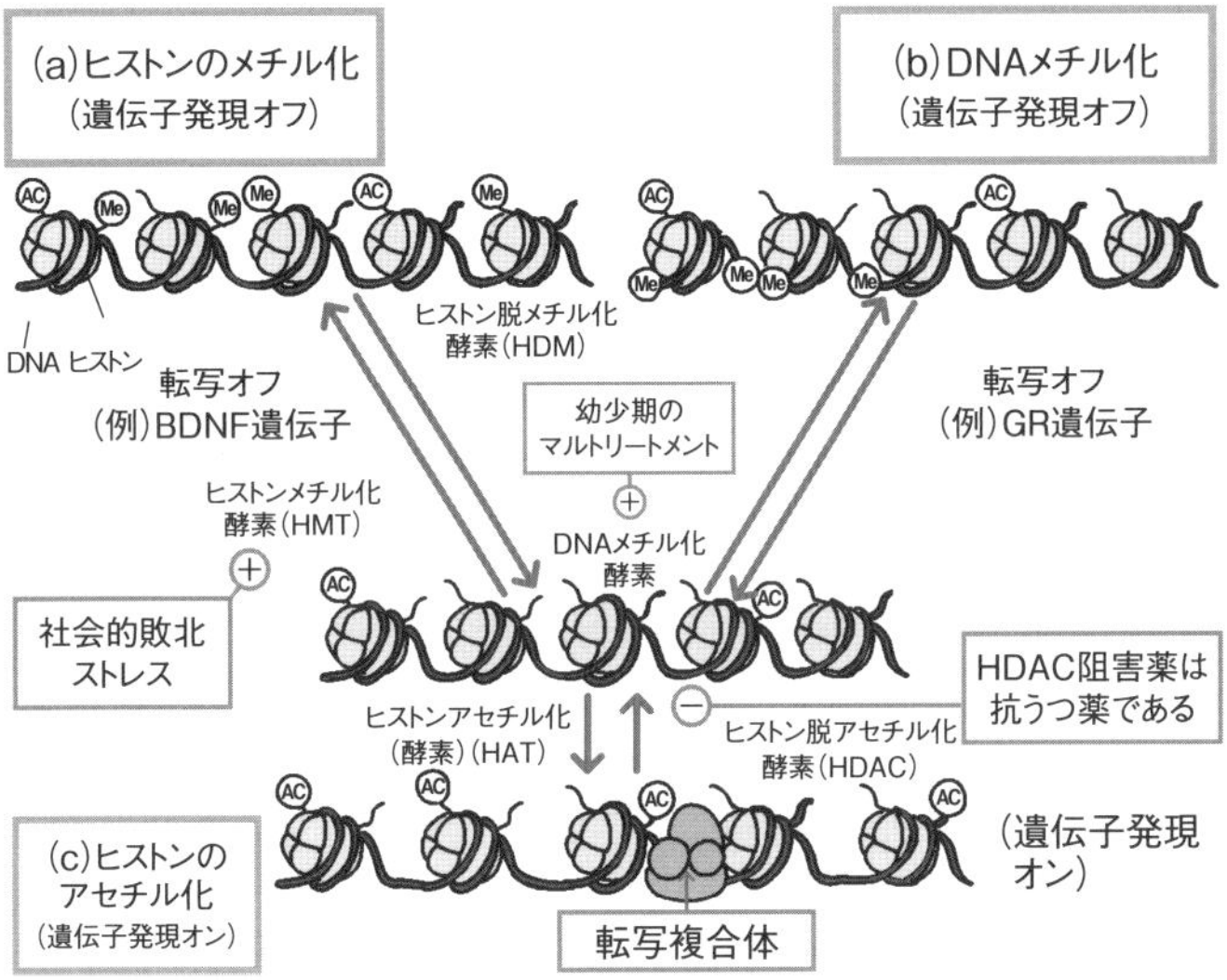

＊　⊕は遺伝子発現の活性化。
＊　⊖は遺伝子発現の阻害。
出所：V. Krishnan, and EJ. Nestler, Nature, 455: 894, 2008を改変

子発現はオフになる。たとえば、幼少期のマルトリートメントによって子ラットのＧＲ遺伝子の発現はオフになっている。

「（ｃ）ヒストンのアセチル化」によって、遺伝子のプロモーターがアセチル化されると、ヒストンが緩み、転写が促進される。このため、ヒストン脱アセチル化酵素（ＨＤＡＣ）の阻害薬に抗うつ効果が期待できる。

抗うつ薬を服用して数時間後には脳内でセロトニンは増えているが、抗うつ薬の効果があらわれ始めるまで、少なくとも数週間かかる。この理由は長年の謎であり、エピジェネティクスがかかわっている可能性が高いことを先に述べた。

そして一連の研究から明らかとなったことは、抗うつ薬を服用すると、ＢＤＮＦ遺伝子のヒストンにアセチル化が起こり、ＢＤＮＦ遺伝子の発現がオンになってうつが改善することである。抗うつ薬の効果があらわれ始めるまでの数週間は、エピジェネティクスを引き起こすのに必要な時間だったのである。

第6章

母の子育てが
子どもの脳に影響する

子どものころの逆境と慢性病

子どものころの生活環境はその子の発育に影響を及ぼすだけでなく、成人になってからは病気のかかりやすさを左右する。子どものころに性的虐待、身体的虐待、または親からネグレクトされた経験のある成人は、心の病を高い確率で発症することが知られている。

虐待やネグレクトといったストレスが、うつなどの心の病を発症させやすくするという証拠は山ほどある。虐待やネグレクトは子どもの脳と体に深刻な被害を与えている。そうでなくても、虐待とまではいえないが、親子の絆が弱い、とりわけ母のケアが少ないなどのマルトリートメントによっても子どもが成人してから、うつや不安になるリスクが上昇することが知られている。

ストレスによって病気のリスクが上昇する例は、心の病に限らない。1950年代にハーバード大学の学部学生にアンケートをとり、35年後に彼らが中年に達したころの健康状態を調査したところ、**両親との関係が冷たい、または切り離されていると評価した個人は、**

うつ、不安、アルコール依存症だけでなく、心臓病、高血圧、胃潰瘍、糖尿病を含む慢性疾患のリスクが、そうでない人にくらべ、4倍高いことが判明した。[1] これに似た内容の論文は海外では多数報告されている。

わが国ではどうか。2020年、神戸大学の田守義和特命教授らのグループは、子どものときに親から虐待を受けた女性は、そうでない女性にくらべ、成人してから肥満になるリスクが1・6倍になるという結果を報告した。[2] この論文は、日本ではじめて子どものころに受けた虐待と大人になってからの肥満がつながっていることを示すものである。

内容を紹介しよう。田守特命教授のグループは、神戸市が実施したアンケート調査から20〜64歳の男女5425人のデータを使い、生育歴、家族の状況、経済状態と肥満のつながりを解析した。この結果、女性は子どものときに親から暴力を受けたり、食事や服を適

（1）LG. Russek, and GE. Schwartz, Perceptions of parental caring predict health status in midlife: A 35-year follow-up of the Harvard Mastery of Stress Study. Psychosomatic medicine, 59(2): 144–149, 1997.
（2）S. Asahara et al., Sex difference in the association of obesity with personal or social background among urban residents in Japan. PLOS ONE, 25 Nov 2020.

切に与えられない、侮辱や言葉で傷ついたりすると、大人になってから肥満のリスクが1・6倍になることが明らかになった。しかし、理由は不明だが、この傾向は男性には見られなかった。

子どものころのストレスが、大人になって慢性病を引き起こす要因になっていることがわかる。一方、温かな家庭はストレスに抵抗するレジリエンスになり得る。レジリエンスとは、英単語のresilience（弾力、跳ね返り）のことで、「圧力が加えられても元に戻る力」のことである。温かい、慈しみのある家庭で育った人はストレスに抵抗するレジリエンスがあり、ストレスによって引き起こされる、うつ、不安などの病気にもかかりにくい。

第5章でストレス感受性とストレスの相互作用によってうつが起こることを述べたが、うつだけでなく、不安、依存症、心臓病、高血圧などの慢性病も発症しやすくなる。ストレス感受性が高いと、ストレスがかかったときに慢性病を発症するリスクが高まるのである。

だから、健康に生きるポイントは、ストレス感受性を過剰に高めないこと、すなわち、ＨＰＡ軸の活性化を適度に保つことである。そしてＨＰＡ軸を過剰に活性化する主な要因のひとつは、子ども時代に受けるストレスなのである。

子どもの脳を傷つけるマルトリートメント

子どものころに受けるストレスのうち、もっとも悪影響があるのは児童虐待である。虐待という言葉を聞いて真っ先に私たちが連想するのは、身体的虐待や性的虐待であるが、じつは、これだけではない。

たとえ子どもを殴らなくとも、暴言を浴びせるのも、子どもの心を傷つけるのも、夫婦間の暴力を見せるなども心理的虐待に相当する。また、子どもをきちんと保護しないことも児童虐待となりうる。たとえば、適切な食事を与えない、オムツやトイレの世話をしないで放っておく、家に子どもだけを置いて親が外出する、車内に子どもを置き去りにする、などである。

わが国で年間どれだけの児童虐待が発生しているのか。2017年、全国210カ所の児童相談所から厚生労働省に届けられた児童虐待件数は、13万3778件である。[3] その内訳（図表6－1）は、身体的虐待（24・8％）、ネグレクト（20・0％）、性的虐待（1・2％）、

図表6-1　2017年、厚生労働省に届けられた児童虐待の内訳
（総件数13万3,778件）

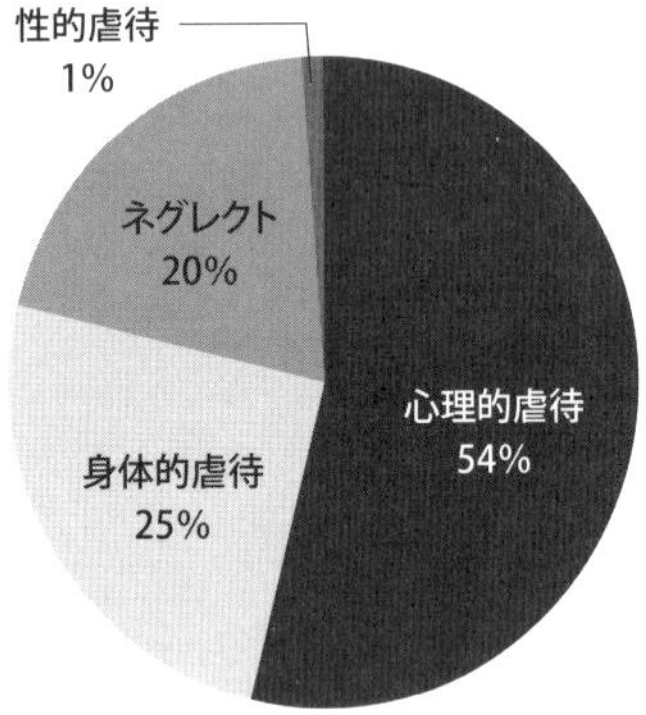

心理的虐待（54・0%）。

虐待者でもっとも多いのは実母の46・9%、次いで実父の40・7%となっている。父親が子どもを虐待するという印象があるが、これは誤りである。

自分は子どもを殴ってないから虐待していないと思っている親が多いが、子どもの言葉を無視したり、けなすことも子どもの脳の発達に有害であることに変わりはない。

虐待という言葉はハードルが高く、親がなかなか認めたくない性質があることから、**心理的虐待、身体的虐待、ネグレクト、性的虐待などをマルトリートメントと呼ぶことが多い。**マルトリートメン

トは、子どもの脳の発達を妨げる「有毒ストレス」なのである。

子どもを可愛がりましょう

幼少のころに受けた心の痛手といった人生における初期のストレスは、子どもの脳の発達を妨げるだけでなく、大人になってからも健康に悪影響を残すことになる。とりわけ、マイナス効果が甚大なのは、人生の初期に受ける有毒ストレスである。

身体的・精神的な衝撃を受けると、長い間、それにとらわれてしまう状態をトラウマという。子どものころにトラウマを経験した大人は、たとえストレスがかかっていないときでもＨＰＡ軸が過剰に活性化した状態にあり、副腎が多量のコルチゾールを放出し続ける。

そして、子どものころに虐待を受けた大人は、そうでない大人にくらべ、視床下部から

（3）平成29年度児童相談所での児童虐待相談対応件数〈速報値〉 https://www.mhlw.go.jp/content/11901000/000348313.pdf

放出されるホルモンCRH（副腎皮質刺激ホルモン放出因子）の量が、はるかに高い。これは、ネガティブフィードバックが正常に機能していない証拠である。では、有毒ストレスを軽減する方法はあるのか？　イエス。

ネガティブフィードバックの障害が発生するしくみを解説した第5章でミーニー教授の研究を紹介した。親の役割と子どものストレスについても画期的な成果を発表しているので、ここでも彼の研究を中心に解説する。(4)

ラットの脳は人間の脳とよく似ているため、脳科学の研究室ではラットを使って研究を進めることが多い。そういうわけで、ミーニー教授の研究室では子ラットをたくさん飼っている。

院生は、たびたび子ラットをケージから取り出して体重をはかるなど、いくつかの検査をする。子ラットをケージに戻すと、ある母ラットは子に駆け寄り、舐めたり毛づくろいする。一方、別の母ラットは無視して何もしない。

院生が子ラットに触れるとストレスがかかり、子ラットは不安になり、ストレスホルモンのコルチコステロン（ヒトではコルチゾール）をたくさん放出する。しかし母ラットが子ラットを舐めたり毛づくろいすると、子ラットのコルチコステロン値が低下する。母ラットのケアによって、子ラットの不安が軽減されたのである。これは母親による子のケアの短期的な効果である。

では、母親による子のケアの長期的な効果はあるのか？　もしあるのなら、それは何か？

高LGラットVS低LGラット

それまで報告されてきた動物を用いた多くの報告では、特別な条件のもとでラットの受けるストレスを研究してきた。たとえば、ラットを強制的にプールで泳がせたり、長時間動けないようにしたり、身体的な脅威を与えたりといった強烈なストレスにさらすのである。

（4）C. Caldji et al., Maternal care during infancy regulates the development of neural systems mediating the expression of fearfulness in the rat. PNAS, 95(9): 5335–5340, 28 Apr 1998.

しかしミーニー教授は、通常の条件のもとで、母親のケアの違いが子ラットにどのような影響を及ぼすかということに焦点を当てることにした。

そこで彼が着目したのは、通常の母ラットの子育てである。同じ母ラットでも、子ラットを舌でよく舐めるものと、あまり舐めないものがいる。舐めることを英語でlicking、毛づくろいすることをgroomingというので、舐めたり毛づくろいする回数の多い母ラットを高リッキング・グルーミング（高LG）、少ない母ラットを低リッキング・グルーミング（低LG）と分類する。

人間でいうと、高LGは赤ちゃんに触れたり抱きしめることの多い面倒見のいい母親（高養育）に、低LGは赤ちゃんに触れたり抱きしめることの少ない面倒見の悪い母親（低養育）に相当する。

親が子を可愛がると、子の性格にどのような影響を及ぼすのか。これを調べるには、面倒見のいい母ラットに育てられた子ラットと、面倒見の悪い母ラットに育てられた子ラットを用意し、両者における好奇心や恐怖心といった長期的にあらわれる特徴を観察する。そして両者を比較すればよい(5)。

実験の手順は、こうだ。まず、生まれたばかりの子ラットは高LGの母ラットまたは低

ＬＧの母ラットによって生後22日間育てられた。次に、子ラットを母ラットから引き離し、同性の兄弟と同じケージで育てる。生後１００日たって子ラットが完全に成体になったところで、高ＬＧラットの子と低ＬＧラットの子を比較する。比較に用いられたのは、好奇心を調べる「オープンフィールド・テスト」と恐怖心を調べる「食事・テスト」である。

オープンフィールド・テストはラットを直径１・６ｍの円形の箱に5分間入れ、自由に探索させて挙動を見るというもの。神経質なラットは壁から離れようとしないが、大胆なラットは壁から離れてフィールドを自由に歩きまわって探索する。このときの探索時間をはかる。

一方、「食事・テスト」は、空腹のラットを新規のケージに入れて食べ物を与え、10分間放置し、いつ食べ始めるか、どれだけの時間食べ続けるかをはかる。空腹なのでできるだけ早く食べ物が欲しい。だが、不安の強いラットは食べ物に手を出すまでに時間がかかるだけでなく、落ち着いた大胆なラットにくらべ、食べる量も少ない。

（5）C. Caldji, et al., Maternal care during infancy regulates the development of neural systems mediating the expression of fearfulness in the rat. PNAS, 95(9): 5335-5340, 28 Apr 1998.

では、結果を見ていこう。

高LGラットの子は不安が少なく、自制が利く

オープンフィールド・テスト（図表6－2）では、低LGのラットの子がフィールドの真ん中にいたのは平均5秒だった。探索時間も平均5秒。だが、高LGのラットの子は平均35秒をフィールドの真ん中で過ごした。探索時間も平均35秒。しかも、母ラットのLG回数が増えるほど、子ラットの探索時間は伸びた。このことから、母によるLG回数と子ラットの探索の時間には因果関係があることがわかる。母の可愛がり（LG）が子の探索の時間を伸ばす、すなわち、子の好奇心を高めるのである。

食事・テストでは、高LGラットの子は4分ほどためらった後に2分間食べた。一方、低LGラットの子は食べ始めるまでに9分もかかり、しかも食べたのは数秒にすぎなかった。母の可愛がりが食事を前にしたためらいの時間を減らした、すなわち子の恐怖心を減らしたのである。

図表6-2　高LGラットの子VS低LGラットの子の性格の比較

〈それぞれの子の好奇心と恐怖心を調べるテストの結果〉

	低LGラットの子の特徴（低養育）	高LGラットの子の特徴（高養育）
オープンフィールド・テスト	探索時間：5秒	探索時間：35秒
食事・テスト	食べ始め：9分後 食事の時間：数秒	食べ始め：4分後 食事の時間：2分間
迷路試験	下手	上手
社交性、好奇心	低い	高い
攻撃性	高い	低い
健康・寿命	不健康で短命	健康で長生き

オープンフィールド・テストはラットを直径1.6mの円形の箱に5分間入れ、自由に探索させて挙動を見る。
食事・テストは、空腹のラットを新規のケージに入れて食べ物を与え、10分間放置し、いつ食べ始めるか、どれだけの時間食べ続けるかをはかる。

出所：C. Caldji et al., PNAS, 95(9): 5335-5340, 28 Apr 1998

また、新規でないふつうのケージでは、高LGラットと低LGラットどちらの子も15秒以内に食べ始めたことから、食べ始めの遅れは、新規な環境によることがわかる。

これ以外にいくつものテストが行なわれたが、結果はいつも同じだった。高LGラットの子は、低LGラットの子にくらべ、好成績をあげた。

すなわち、高LGラットの子は、好奇心が強く、社交性に富み、攻撃性は低く、自制が利いていた。そして何より、より健康で長生きだった。一方、低ＬＧラットの子は、好奇心や社交性が低く、攻撃性が高く、自制が利かなかった。そして不健康で寿命も短かった。母親による子のケアの長期的な効果はあるのか、という問いへの回答は、イエス。それは何か、という問いへの回答は、可愛がられて育った子は、より健康で長生きした、である。

子ラットに対する母ラットの行動は、よく舐める（高ＬＧ）か、あまり舐めない（低ＬＧ）かであり、長い間、その差はわずかであると思われていたが、本当はそうではなかった。子ラットに対する母ラットの行動は、子育てから何カ月がすぎた成体の行動に重大な違いをもたらしたのである。

母ラットが子ラットを可愛がるかどうかといったわずかな差は、時間が経過するにつれて拡大し、成体となった子ラットの性格や健康を大きく左右することが明らかになった。

子の性格を決める母ラットの子育て

高ＬＧラットの子（高ＬＧラットに育てられ成体となったラット）は、不安が少なく、自制が利くことが確認された。対照的に、低LGラットの子（低LGラットに育てられ成体となったラット）は、不安が強く、攻撃的である。両者の性格は真逆である。加えて、ストレスに反応するHPA軸と脳にも両者で著しい違いが見つかった。

HPA軸については、低LGラットの子では過剰に活性化し、ネガティブフィードバックが効きにくく、コルチコステロン値が高かった。一方、高LGラットの子のHPA軸は適度に活性化し、ネガティブフィードバックが効いて、コルチコステロン値は正常であった。

脳については、低LGラットの子の海馬においてGRタンパク質の生産量が少なかった。一方、高LGラットの子の海馬においてGRタンパク質の生産量が多かった。

GRタンパク質の生産量が多いと、海馬の細胞は少ないコルチコステロンでも効率よくとらえることができるので、ネガティブフィードバックがよく効く。このため、高LGラットの子は、低LGラットの子にくらべ、ストレスに過剰に反応しなくなり、成体になってから不安が少なく、自制が利くだけでなく、うつを含め慢性病になりにくいのである。同じラットでも育てられ方が違うだけで、成体になってからの性格や健康が大きく異なることがわかる。育て方の違いによって子ラットに何か重大な変化が起こり、その状態が長く続いたのではないか。そうなると、原因をエピジェネティクスに求めたくなる。

養育環境の違いとエピジェネティクス

では、どんなエピジェネティクスが起きたのか。そこでHPA軸のネガティブフィードバックの効き具合と、子ラットの海馬のGR遺伝子の発現の仕方を調べた（図表6―3）。すると、DNAメチル化に変化が見られた。

高LGラット（よく舐める親、高養育）に育てられた子は、低LGラット（あまり舐めない親、低養育）に育てられた子にくらべ、GR遺伝子のプロモーターにおけるメチル基が大幅に減少していた。

ラットのケースでは、母の子育てがうまいとDNAの脱メチル化が進み、母の子育てが下手だとDNAのメチル化が進むことがわかる。

DNAのメチル化が増加することで、海馬のGR遺伝子の発現はオフになり、GRタンパク質が不足し、ネガティブフィードバックが効かなくなる。このためラットにストレス

図表6-3　養育環境の違いが変わるとエピジェネティクスは変わる

	低LGラットの子（低養育）	高LGラットの子（高養育）
GR遺伝子のプロモーター領域におけるDNAのメチル化	○○○	○
GR遺伝子のプロモーター領域におけるヒストンのアセチル化	○	○○○
ストレスによるGRタンパク質の発現	—	○○○
GRタンパク質によるHPA軸のネガティブフィードバック	—	○○○

養育環境の違いは、GR遺伝子の発現とHPA軸のネガティブフィードバックに影響を及ぼす。

がかかったとき、HPA軸が過剰に活性化してしまい、うつや不安になりやすい。

ラットのケースと同じことがヒトでも起こっている。すなわち、子どもへのマルトリートメントによって海馬におけるGR遺伝子の発現がオフになり、大人になってからHPA軸が過剰に活性化することが知られている。

それから、ヒストン修飾にも変化が見られた。低LGラットの子では、GR遺伝子のプロモーターにおけるヒストンのアセチル化が減少していた。このため、クロマチンは凝縮型となり、GR遺伝子の発現はオフになったのである。

低ＬＧラットの子の海馬では、ＤＮＡメチル化に加え、ヒストン修飾もまたＧＲ遺伝子の発現をオフにする方向に働いていたのである。

さて、ヒストンのアセチル化の低下は、ヒストン脱アセチル化酵素（ＨＤＡＣ）によって促進される。そこで低ＬＧラットの子の海馬にＨＤＡＣの阻害薬であるトリコスタチンＡ（ＴＳＡ）を注入したところ、低養育によるヒストンのアセチル化の減少から回復し、ＧＲ遺伝子発現の減少が止まり、ストレスがかかったときのＨＰＡ軸のネガティブフィードバックの働きも回復した。

このことから、ヒストンにアセチル基がついたり、はずれたりするヒストン修飾が、ＧＲ遺伝子の発現のオンとオフを決め、ＨＰＡ軸の働きを左右することがわかる。

ラットでは母が子を可愛がると、ＤＮＡ脱メチル化が進むが、このしくみを推測してみよう。まず、母が子を舐めたり毛づくろいすることで、子の脳内でセロトニンが放出され、気分がよくなる。

このことは、セロトニンの働きを強くする物質が抗うつ薬として利用されていることからもわかる。このセロトニンが海馬の受容体に結合すると、サイクリックＡＭＰ（ｃＡＭＰ）、次にヒストンアセチル化酵素が活性化する。そして最後にＤＮＡ脱メチル化酵素が働いて、メチル基をはずし、転写因子もプロモーターに結合する。この一連のプロセスを経てＧＲ遺伝子の発現がオンになる、と理解できる。

ラットでは生後１週間が大事

高ＬＧラットの子は、好奇心が強く、社交性に富み、攻撃性は低く、自制が利いていた。そして何より、より健康で長生きだった。一方、低ＬＧラットの子は、好奇心や社交性が低く、攻撃性が高く、自制が利かなかった。

このような違いは成体になってからあらわれるが、母ラットが子を舐めるという幼少期の最初の刺激が、エピジェネティクスを起こした結果である。しかも、エピジェネティクスは、生後７日間というラットの脳がもっとも柔らかい、脳の発達において非常に初期の段階で起こっていた。このことに注目すべきである。

脳が柔らかいとは、細胞がエピジェネティクスによって遺伝子の発現を変えやすいということである。そして動物が歳をとるにつれ、脳に刻まれた遺伝子発現のパターンは固定化され、変化しにくくなる。だから、ラットにとって誕生から最初の1週間が重要なのである。

遺伝より育て親の習慣

ラットの子育てを観察するうちにミーニー教授のグループは、こんなことに気づいた。面倒見のいい母ラット（高LG母ラット）の生んだ娘は、成体となってから面倒見のいい母になる傾向が強い、と。ここで疑問が生じる。

高LG母ラットは同じ性格の愛情たっぷりの性格の子を生み、そういう子が母ラットになると頻繁に子ラットを舐めたり毛づくろいするのか。あるいは、舐めたり毛づくろいするのは育ちによるものなのか。要するに、遺伝か育ちかという問題である。これを調べるには、親を交換して子ラットを育て、その性格を見るといい(6)。

まず、面倒見の悪い母ラット（低LG母ラット）から生まれた子ラットを生後すぐに引き離し、高LG母ラットのケージに移して育てた。すると、成体になったラットは、子の面倒をよく見る親になった。そして親になったラットの性格をオープンフィールド・テストで調べると、好奇心が強く、社交性に富んでいることが確認された。

その反対に、高LG母ラットから生まれた子ラットを生後すぐに引き離し、低LG母ラットのケージに移して育てたところ、成体になったラットは、子の面倒をあまり見ない親になり、しかもオープンフィールド・テストの結果、臆病で非社交的な性格であることが確認された（図表6―4）。

あらゆる組み合わせで実験を行なったが、結果は同じだった。**子ラットの性格を決めたのは、育てた母親の習慣だった。**

生まれてすぐに母に舐められたり毛づくろいされる経験をもった子ラットは、そういう経験のない子ラットよりも好奇心が強く、社交性に富んでいたばかりか、環境にもうまく

（6）D. Francis et al., Nongenomic Transmission Across Generations of Maternal Behavior and Stress Responses in the Rat. Science, Vol. 286, Issue 5442: 1155–1158, 5 Nov 1999.

図表6-4　子どもの性格は遺伝か教育かを調べる実験

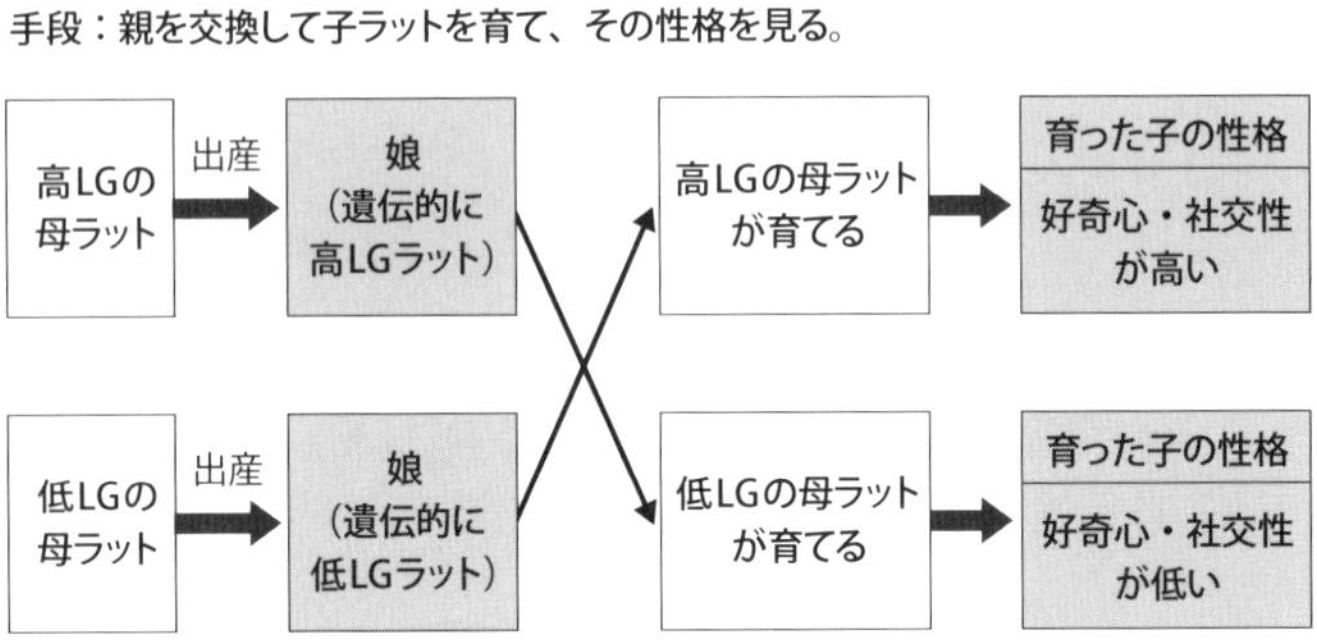

手段：親を交換して子ラットを育て、その性格を見る。

適応できた。驚くべきことに、生物学上の母ラットの面倒見の良し悪し（LGの高低）は関係なかった。子ラットの性格を決めるのは、**遺伝より母ラットの習慣なのである。**

エピジェネティクスは元に戻すことができる

幼少期の母ラットの子育てが、子の成体になってからの性格と健康を左右する。それは、幼少期に設定された遺伝子の発現パターンが長く続くからである。では、母の子育てによって形成された子の性格は、成体になると決して変えることができないのか。

低ＬＧラットの子（低養育）は、海馬におけるＧＲ遺伝子のプロモーターがＤＮＡメチル化されているだけでなく、ヒストンは脱アセチル化されている。一方、高ＬＧラットの子（高養育）は、ＧＲ遺伝子のプロモーターはＤＮＡメチル化されず、ヒストンはアセチル化されている。

それなら、低ＬＧラットの子のシトシンからメチル基を取り除く、あるいは、ヒストンをアセチル化すれば、高ＬＧラットの子のように、好奇心が強く、社交性に富んだ性格に変わるのか。

浮かび上がったのが、トリコスタチンＡ（ＴＳＡ）という物質だ。ＴＳＡは、ヒストン脱アセチル化酵素（ＨＤＡＣ）の働きを妨げることによってヒストンのアセチル化を促し、クロマチンを非凝縮型にする。そのうえ、通常、脱メチル化は容易には起こらないが、ＴＳＡを培養した細胞に与えると、メチルシトシンの脱メチル化が起こることが報告されている。

そこで、ＴＳＡを低ＬＧラットの子の脳に注入したところ、海馬のＧＲ遺伝子のプロモーターにおいてＤＮＡメチル化が低下し、あたかも高ＬＧラットの子であるかのごとく振

図表6-5　エピジェネティクスは元に戻すことができる

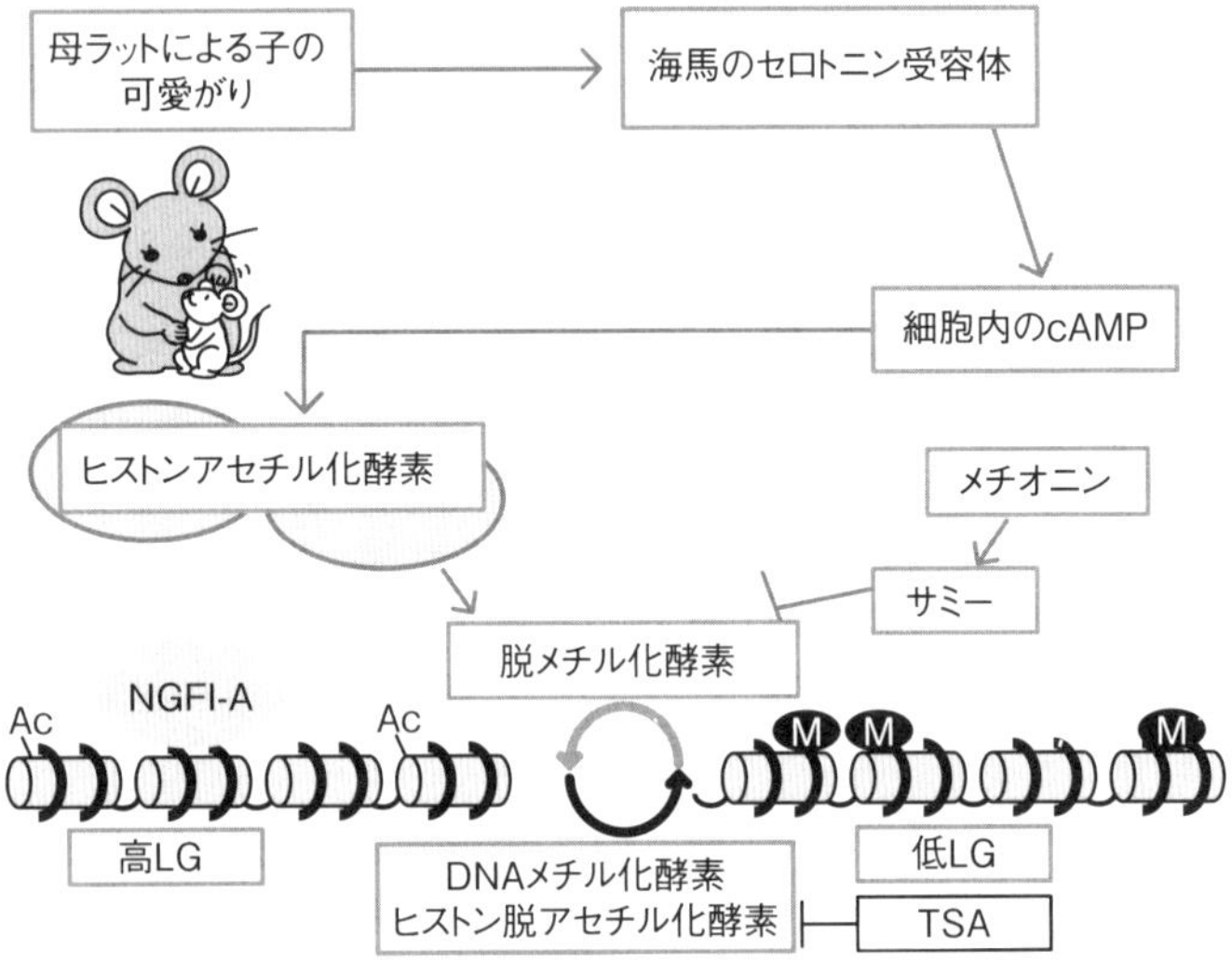

＊ ├─ は阻害を示す。

る舞った。低ＬＧラットの子のＧＲ遺伝子の発現がオンになり、海馬が多くのＧＲタンパク質をつくることによって、好奇心・社交性が高いラットに変身したのである。

図表6-5について説明しよう。

高ＬＧラットの子のケースでは、母ラットが子を可愛がると、ＧＲ遺伝子は低メチル化、ヒストンは高アセチル化となる。可愛がりによって海馬のセロトニン受容体、サイクリックＡＭＰ、ヒストンアセチル化酵素は、この順番に活性化する。次に、ＤＮＡ脱メチル化酵素が活性化する。こうしてＧＲ遺伝子は低メチル化、ヒストンは高アセチル化となり、ＧＲ遺伝子の発現はオンになる。しかし、高ＬＧラットの子の脳内にメチオニンを注入すると、脱メチル化酵素の働きが抑えられ、低ＬＧラットの子のように振る舞う。

一方、低ＬＧラットの子のケースでは、母ラットが子を可愛がらないと、ＧＲ遺伝子は高メチル化、ヒストンは低アセチル化となる。しかし、低ＬＧラットの脳内にＴＳＡ（トリコスタチンＡ）を注入すると、ＤＮＡメチル化酵素と脱アセチル化酵素の両方の働きが抑えられ、高ＬＧラットの子のように振る舞う。

エピジェネティクスは、この反対の方向にも動く。高ＬＧラットの子の脳内にメチオニンというアミノ酸を注入したところ、好奇心・社交性が低くなり、まるで低ＬＧラットの子であるかのごとく振る舞った。脳内を調べると、海馬におけるＧＲ遺伝子のプロモーターにおいてＤＮＡメチル化が進んでいた。

どういうことか。まず、脳内に注入されたメチオニンは、アデノシンという物質と結合してＳ-アデノシルメチオニン（サミー）という物質に変換される。このサミーがＤＮＡメチル化を促進するのである。

このように薬や栄養素によってエピジェネティクスを変え、不安なラットをよりリラックスしたラットに変えることができる。もちろん、**薬は多くの遺伝子に影響を及ぼすので母のケアの正確な代替にはならない**。

遺伝は変えられないインクで書かれたものではなく、食事や教育などの環境を変えることで、大幅に変えることができることがわかる。

人間の母親による子のケアが大切

ラットを用いた実験では、母が子を舐めたり毛づくろいすることによって子のストレスが軽減される。では、同じことが人間にも当てはまるのか。答えは、イエス。

ニューヨーク大学の心理学者クランシー・ブレア教授は、1200人を超える幼児を生まれて間もないころから追跡するという大規模な実験を行なった(7)。ストレスに応じて、子どものコルチゾール値が上がる。どれだけ上がるかを、子どもが生後7カ月から毎年計測した。

結果はこうだ。家庭内の騒動や混乱、人の出入りといった環境からのリスクによって子どものコルチゾール値は上がった。ただし、これは母親が子どもに無関心だったり、スマ

(7) C. Blair et al., Cumulative effects of early poverty on cortisol in young children: moderation by autonomic nervous system activity. Psychoneuroendocrinology, 38(11): 2666–2675, Nov 2013.

ートフォンに夢中で子どもの目を見て話しかけないなど、母親が子どもをケアしないケースだけであった。母親が子どもをケアしたときには、環境からのリスクが子どもに与える悪影響はほぼなかった。

言い換えれば、質の高い育児は、逆境による子どものストレスと、ストレスによるダメージを軽減する強力な緩衝材として働くことが明らかとなった。こうして母ラットの毛づくろいに相当するのは、人間の親による子どもへのケアということが明らかとなった。

養育がエピジェネティクスを適切にする

母ラットが子を舐めると子ラットのゲノムにタグがつき、成体となったときにおだやかなラットになるが、母ラットにあまり舐められずに育てられると、成体になって、うつや不安を起こしやすいラットになる。ラットの性格はゲノムに刻まれた遺伝子がそのままあらわれるのではなく、生まれてすぐの母の行動によって形づくられたエピゲノムによってあらわれる。このことはヒトにも当てはまるのか。

新しい研究によると、イエスである。あなたの子はラットではない。だから、舐めるのではなく、やさしく抱いてあやしてあげることで、あなたの子のDNAに適切なタグをつけることができそうだ。これが、年を経るにつれ、お子さんの脳と体の発達に好影響を及ぼすだろう。

養育で重要なのが、DNAメチル化である。DNAメチル化の程度は、母という養育者と赤ちゃんの触れ合いの量に反比例する。しかも、遺伝子発現をオフにするDNAメチル化の効果は、一時的なものではなく、数年も続く。

ブリティッシュ・コロンビア大学のマイケル・コボー教授のグループは、ブリティッシュ・コロンビア子供病院と共同で、94組の健康な赤ちゃんと親を対象にDNAメチル化の程度を分析した結果を報告した(8)。

まず、生後5週間の赤ちゃんの怒り、睡眠、食事といった行動、そして親と子の身体的

(8) SR. Moore et al., Epigenetic correlates of neonatal contact in humans. Development and Psychopathology, 29(5): 1517–1538, 2017.

な接触の時間を親に記録してもらった。そして赤ちゃんが4歳半になったとき、彼らの口内から採取したDNAを分析した。

全体として赤ちゃんのときに内気だったり、親から触れられる機会の少なかった子では、DNAメチル化から判断した細胞の発達は、暦年齢（生まれた年月から割り出す年齢）にくらべ、遅れていた。親に多く触れられた子（高コンタクト群）と少なく触れられた子（低コンタクト群）をくらべると、十分な愛情を受けなかった低コンタクト群の赤ちゃんの発達は遅れていたのである。

子ども時代の発達が大人になってからの健康にどのように影響するかは、今の段階では正確にはわからない。しかし、**赤ちゃんへの親の接触といった単純な行動によって、子の遺伝子の発現が長きにわたって左右されることが明らかとなった。**

この研究で着目された遺伝子は、4個。それは、グルココルチコイド受容体（NR3C1、ストレスにかかわる）、μ-オピオイド受容体（OPRM1、依存にかかわる）、オキシトシン受容体（OXTR、人間関係にかかわる）、BDNF（神経細胞を成長させ、シナプスをつくる）。

これら4個の遺伝子はヒト脳の発達や人間関係を築くのに甚大な影響を及ぼすので、生後すぐに親が子に接触すれば、子のDNAメチル化が変わるものと予測されたが、実際に調べてみると、変化は見られなかった。

しかしゲノム全体を調べると、4個の遺伝子以外のほかの領域におけるメチル化に顕著な変化が見つかった。高コンタクト群と低コンタクト群をくらべると、ゲノムの5カ所で大きな違いが発見された。

しかも、5カ所のうちの2カ所は免疫系と代謝に密接に関係していた。このエピジェネティクスの違いが子どもの発達にどのように影響するかは、今の段階で明確にいえないが、アレルギー、肥満、感染症に関係していると推測できる。

エピジェネティック・エイジと健康

あの人は65歳などというとき、通常、私たちは生まれた年月から割り出す暦年齢を使用している。これとは別に、細胞の老化の程度をあらわすのが生物学的年齢である。これまで多くの研究から、生物学的年齢とDNAメチル化に強い相関関係があることが知られている。生物学的年齢はDNAメチル化が進むほど高くなることから、エピジェネティック・エイジとも呼ばれる。

コボー教授が子どものエピジェネティック・エイジを示すDNAメチル化を調べたところ、ストレスの度合いの高かった子ども、それから親にわずかしかコンタクトされなかった子どもは、暦年齢にくらべエピジェネティック・エイジが低かった。コボー教授は、エピジェネティック・エイジが低い子どもは、成長する能力が低いと考えられる、と述べている。

ストレスの度合いが高かった子どもに発見された生物学的年齢の遅れは、はたして健康に影響するのか。この点が今後の研究で確認されれば、元気不足の赤ちゃんの体に触れたり、マッサージすることが推奨されるようになるだろう。

スキンシップの効果

哺乳類は、生後間もない赤ちゃんを舌で舐めたり毛づくろいする。毛づくろいはコミュニケーションの手段と考えられている。私たち人間もほかの哺乳類と同じで、赤ちゃんを抱っこする。赤ちゃんに安心感を与えるのである。

このときに、親や子の脳内で放出されるホルモンが9個のアミノ酸からなるオキシトシンで、親子、恋人、夫婦、友人の結びつきを強くすることから、別名「愛情ホルモン」とも呼ばれる。もともとオキシトシンは、出産の際に子宮を収縮させて赤ちゃんを世に出し、出産後の出血を止める働きがあることで知られる。

子宮収縮や出産と聞くと、女性だけのホルモンと思いがちだが、男性にもある。オキシトシンは卵巣だけでなく、脳下垂体や精巣でもつくられ、放出されている。男女ともにオキシトシンをもっているが、生産量も放出量も、やはり女性のほうが多い。

オキシトシンは受容体に結合することによって効果をあらわす。これを「オキシトシン系」と呼ぶことにする。オキシトシン受容体は全身に分布しているが、とりわけ、脳では恐怖や感情を発生させる扁桃体、快感を発生させる側坐核に集中して存在する。脳内でオキシトシン系が働くことで、扁桃体や側坐核が発達し、感情が安定し、喜びの多い赤ちゃんに育つ。

赤ちゃんを抱っこしたりスキンシップをはかることによって、世継ぎである赤ちゃんの脳が順調に発達する。スキンシップは、子どもの脳をプラスの方向に発達させる。

図表6-6　親が赤ちゃんと遊ぶことでオキシトシンの放出が促進される

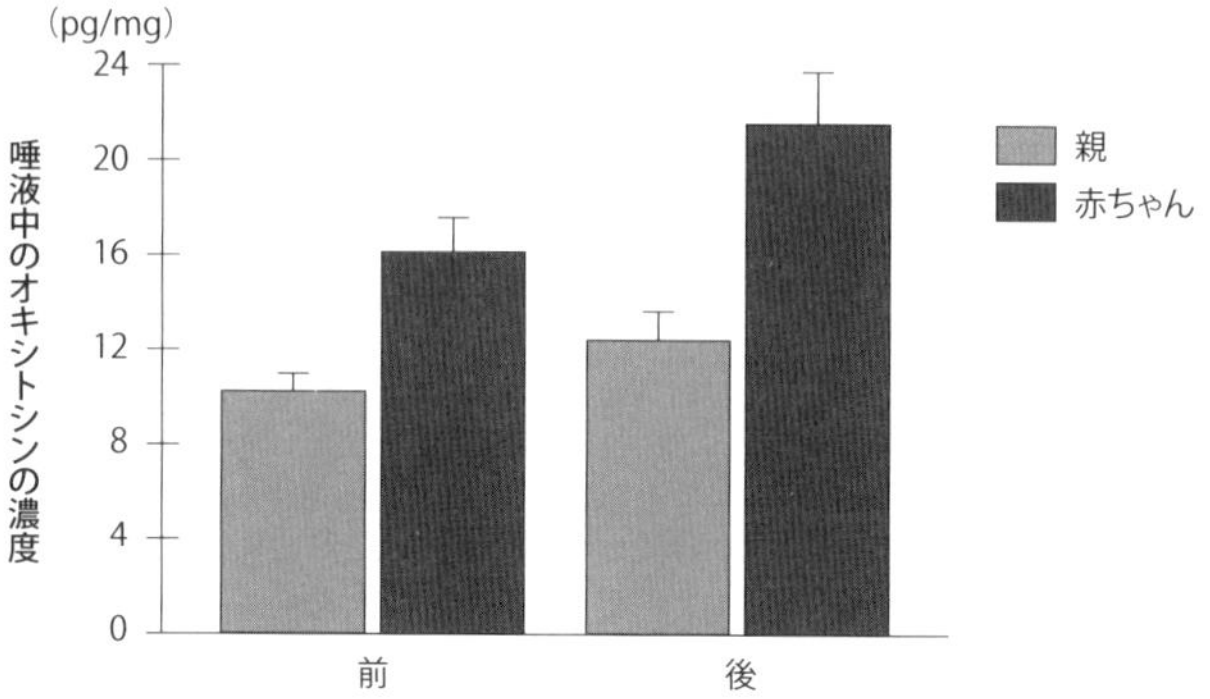

生後4～6カ月の赤ちゃんと15分間の遊び（プレイアンドタッチ）の前後で唾液中のオキシトシンの濃度を測定した。

出所：R. Feldman et al., Hormones and Behavior, 58: 669-676, 2010

オキシトシンは脳を発達させる愛情を育み、人間関係を向上させるだけでなく、免疫系も強くし、病気にかかりにくくする。

この重要なホルモン、オキシトシンはわりと簡単に放出できる。イスラエルにあるゴンダ脳研究所のルス・フェルドマン教授は、親が赤ちゃんと遊ぶことによって親子ともにオキシトシンが放出されることを報告した(9)。

66組の親と生後4～6カ月の子を対象に、15分間の親子による遊びの前後で唾液中のオキシトシン濃度を測定した。その結果、子のオキシトシン濃度は10ピコグラムだったのが12ピコグラムに、親では16ピコグラムだったのが20ピコグラムに上昇した（図表6―6）。

親に愛されていることを実感することで赤ちゃんの脳が安定し、心は安らかになる。このとき、赤ちゃんの脳は環境から適切な刺激を受け、神経細胞が成長し、神経回路が形成され、回路と回路がつながる。こうして脳の働きがよくなるだけでなく、ストレスへの耐性力も高まる。赤ちゃんをどんどん抱っこしましょう。そして幼児になったら、手をつないで一緒に歩き、遊ぶなど、スキンシップを増やしましょう。

母の行動が子のオキシトシン系に影響する

オキシトシン系は脳の発達、人間関係、免疫系の働きに強くかかわるため、人生を左右

（9）R. Feldman et al., The cross-generation transmission of oxytocin in humans. Hormones and Behavior, 58: 669–676, 2010.

する。赤ちゃんのオキシトシン系の発達に、母の行動はどのような影響を及ぼすのか。言い換えると、母の行動によって子のオキシトシン系のエピジェネティクスは、どのように変化するのか。

この問いに答えようと、バージニア大学とマックス・プランク研究所が共同で行なった研究を紹介しよう。[10] 彼らは、赤ちゃんのオキシトシン受容体の遺伝子に焦点を当てた。

まず、101組の幼児と母が集められた。子が生後5カ月のとき、おもちゃと本を与え、母と子の2人だけにして5分間自由に遊んでもらい（フリープレイ）、この様子をビデオに記録した。そして、どれだけ母がわが子に話しかけたか、どれだけ子が母の話しかけに応えたか、どれだけ母子は身体的に近かったか、母子が目と目を合わせる回数などといった母子の行動を測定した。

母と生後5カ月の子の唾液からDNAサンプルを採取し、それから約1年後、母と18カ月になった幼児からも唾液を採取した。

そして、生後18カ月になったとき、幼児の感情を測定した。その方法は、母に質問票を送り、家庭内で大きな音、強い光、異臭、肌触りなどの刺激（ストレス）に対する幼児のマイナス感情について回答してもらうというもの。

最後に、唾液のＤＮＡサンプルから、ＯＴＸＲ遺伝子（オキシトシン受容体遺伝子）のＤＮＡメチル化の程度を調べた。ＤＮＡメチル化の程度が高いほど、ＯＴＸＲ遺伝子の発現は低くなる。母のＯＴＸＲ遺伝子のメチル化は2度（生後5カ月、18カ月）の検査において変化はまったく見られなかったが、赤ちゃんのＤＮＡサンプルでは違いが見つかった。フリープレーで母に多く遊んでもらった赤ちゃんは、ＤＮＡメチル化の程度が低かった。一方、母にあまり注意を払われなかった赤ちゃんは、、ＤＮＡメチル化の程度が高かった。母にたくさん遊んでもらった赤ちゃんは、より多くのオキシトシン受容体がつくられたのである。

同時に、メチル化の程度の低い18カ月の赤ちゃんは、積極的に遊び、上記のストレスに対し、親から報告されたマイナス感情が低かった。

一方、メチル化の程度の高い18カ月の赤ちゃんは、マイナス感情が高いだけでなく、大きな音、強い光、肌触りへの感受性も高かった。母の子へのかかわりは、子孫のオキシト

(10) KM. Krol et al., Epigenetic dynamics in infancy and the impact of maternal engagement. Science Advances, 5(10), 16 Oct 2019.

図表6-7　母の行動が子のオキシトシン系に影響する

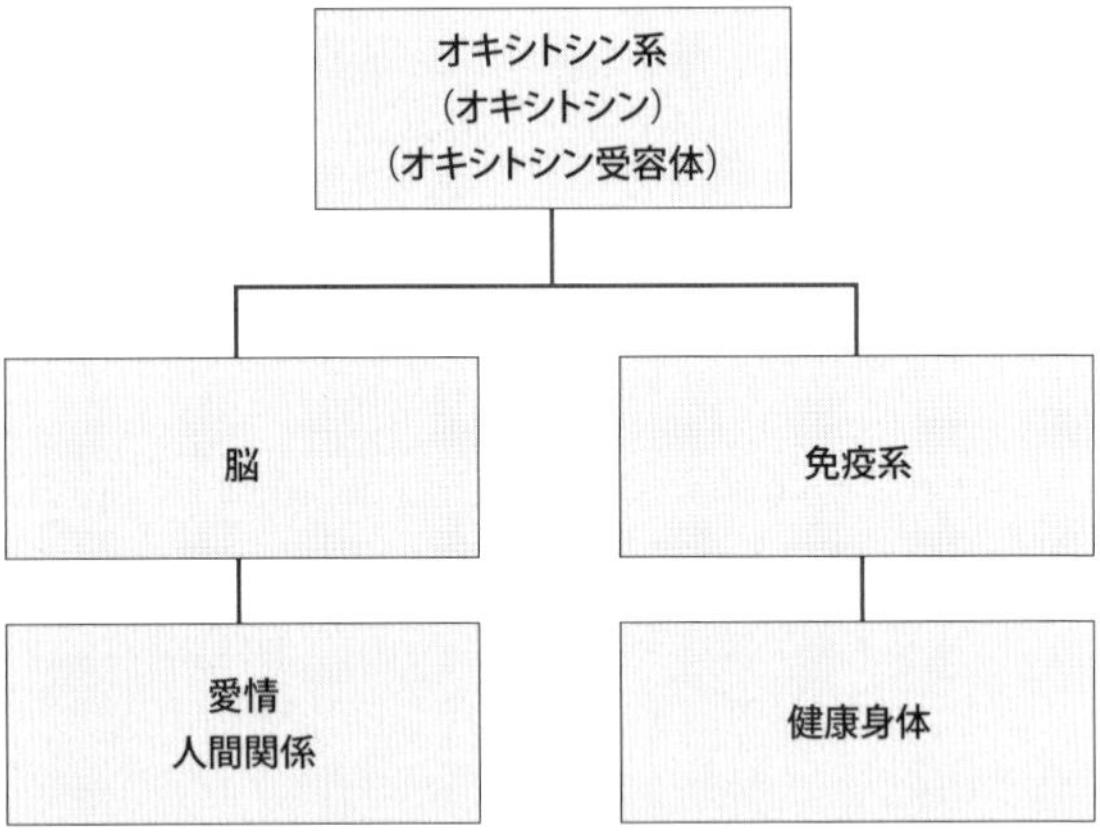

シン系をコントロールし、子孫の行動に影響を及ぼす可能性がある。

この研究はＯＴＸＲ遺伝子というひとつの遺伝子の違いに着目したものであるため、この研究からただちに子育てへの特定のアドバイスを引き出すのは早すぎることを注意しておきたい。とはいえ、この発見は幼児や子どもの養育者への道案内にはなる。

幼児にとって養育者との良好な関係を築くことは、あまりに重要である。養育者との関係によって築かれた子のオキシトシン系の働きが、他者とかかわる能力を生涯にわたり左右するかもしれないからである（図表6－7）。

この研究によって人生の初期における親子の経験が、子の人間としての発達の道筋をエピジェネティクスを通して形づくるしくみのひとつが明らかとなった。

人名索引

【な行】

【は行】

【ま行】

【や行】

事項索引

著者による主なライフサイエンス図書

①『脳地図を書き換える』東洋経済新報社
②『心の病は食事で治す』PHP新書
③『食べ物を変えれば脳が変わる』PHP新書
④『青魚を食べれば病気にならない』PHP新書
⑤『脳がめざめる食事』文春文庫
⑥『脳は食事でよみがえる』サイエンス・アイ新書
⑦『よみがえる脳』サイエンス・アイ新書
⑧『脳と心を支配する物質』サイエンス・アイ新書
⑨『がんとDNAのひみつ』サイエンス・アイ新書
⑩『脳にいいこと、悪いこと』サイエンス・アイ新書
⑪『がん治療の最前線』サイエンス・アイ新書
⑫『子どもの頭脳を育てる食事』角川oneテーマ21
⑬『砂糖をやめればうつにならない』角川oneテーマ21
⑭『ボケずに健康長寿を楽しむコツ60』角川oneテーマ21
⑮『とことんやさしいヒト遺伝子のしくみ』サイエンス・アイ新書
⑯『日本人だけが信じる間違いだらけの健康常識』角川oneテーマ21
⑰『よくわかる！ 脳にいい食、悪い食』PHP研究所
⑱『栄養素のチカラ』（監訳）、らべるびぃ
⑲『日々のちょっとした工夫で認知症はグングンよくなる！』（監修）、平原社

【著者紹介】
生田　哲（いくた　さとし）
薬学博士。1955年、北海道に生まれる。がん、糖尿病、遺伝子研究で有名なシティ・オブ・ホープ研究所、カリフォルニア大学ロサンゼルス校（UCLA）、カリフォルニア大学サンディエゴ校（UCSD）などの博士研究員を経て、イリノイ工科大学助教授（化学科）。
遺伝子の構造やドラッグデザインをテーマに研究生活を送る。現在は日本で、生化学、医学、薬学、教育を中心とする執筆活動と講演活動、脳と栄養に関する研究とコンサルティング活動を行う。著書に、『ビタミンCの大量摂取がカゼを防ぎ、がんに効く』（講談社+α新書）、『よみがえる脳』『脳にいいこと、悪いこと』（以上、サイエンス・アイ新書）。『よくわかる！ 脳にいい食、悪い食』『子どもの脳は食べ物で変わる』（以上、PHP研究所）など多数。

〈著者ホームページ〉
「Dr. Satoshi Ikuta、自分の健康を自分で守る」
https://brainnutri.com/

遺伝子のスイッチ
何気ないその行動があなたの遺伝子の働きを変える

2021年4月1日発行

著　者――生田　哲
発行者――駒橋憲一
発行所――東洋経済新報社
〒103-8345　東京都中央区日本橋本石町 1-2-1
電話＝東洋経済コールセンター　03(6386)1040
https://toyokeizai.net/

装　丁…………遠藤陽一（ワークショップジン）
イラスト…………和全（Studio Wazen）
D T P…………アイランドコレクション
印　刷…………ベクトル印刷
製　本…………ナショナル製本
編集担当………黒坂浩一

Printed in Japan　ISBN 978-4-492-04687-6